爱上编程
CODING

# SCRATCH3.0
# 编程趣味游戏书

# 20 例
# 精品编程游戏

[英]马克斯·韦恩赖特
（Max Wainewright）著

网易有道卡搭工作室　译

一本献给孩子们的编程绘本
在轻松愉快的编程游戏中锻炼逻辑思维

人民邮电出版社
北京

**图书在版编目（CIP）数据**

Scratch3.0编程趣味游戏书：精品编程游戏20例 /
（英）马克斯·韦恩赖特（Max Wainewright）著；网易
有道卡搭工作室译. —— 北京：人民邮电出版社，2019.7（2023.4重印）
　（爱上编程）
　ISBN 978-7-115-51236-9

Ⅰ. ①S… Ⅱ. ①马… ②网… Ⅲ. ①程序设计—少儿
读物 Ⅳ. ①TP311.1-49

中国版本图书馆CIP数据核字(2019)第085645号

# 内 容 提 要

本书带领孩子们利用 Scratch 设计并制作 20 个趣味小游戏，并从中学习和掌握 Scratch 编程知识、思维、技巧，从而轻松入门未来人才所必需的编程技能。游戏精彩有趣，画面生动活泼，寓教于乐，书后附赠词汇表，更易于理解。本书适合青少年学习使用。

◆ 著　　　[英] 马克斯·韦恩赖特(Max Wainewright)
　　译　　　网易有道卡搭工作室
　　责任编辑　魏勇俊
　　责任印制　彭志环

◆ 人民邮电出版社出版发行　　北京市丰台区成寿寺路 11 号
　　邮编　100164　电子邮件　315@ptpress.com.cn
　　网址　http://www.ptpress.com.cn
　　固安县铭成印刷有限公司印刷

◆ 开本：787×1092　1/16
　　印张：5　　　　　　　　　　　2019 年 7 月第 1 版
　　字数：140 千字　　　　　　　2023 年 4 月河北第 4 次印刷
　　著作权合同登记号　图字：01-2018-1412 号

定价：49.00 元
读者服务热线：(010)81055493　印装质量热线：(010)81055316
反盗版热线：(010)81055315
广告经营许可证：京东市监广登字20170147号

# 目录

# 怎样算是好游戏？

Hello!

这本书将告诉你如何编程实现 20 个超棒的 Scratch 游戏。你不但能学会怎么制作这些游戏，还能通过试玩自己的游戏获得极大的乐趣！有朝一日当你不再想玩这些游戏时，已经掌握编程技巧的你，就是时候设计并制作属于自己的游戏了。但是首先，还是让我们来想一想，一个好游戏应该具备哪些要素呢？

## 运动、速度以及障碍物？

一款好的游戏通常希望最大限度地激发玩家的游戏技巧。譬如在赛车游戏中你能驾驶赛车到多快的速度？或者能够操控直升机飞到多高的高度？

通过本书，你将学到如何利用编程实现通过键盘或者鼠标控制汽车、飞机以及各种角色运动。你还将学到如何利用循环语句让运动持续下去，这样你的赛车就能一往无前了！

快呀！旋转20度！

躲避障碍物也是大多数游戏具备的要素，譬如你的蛇要尽量避免撞上墙。在制作这类游戏时，你需要学习尝试各种碰撞的场景。

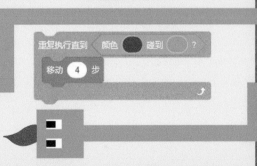

第5阶游戏利用粉碎塔和企鹅跳跃的案例，通过函数的使用让你掌握如何对复杂运动进行编程。

分数 0

那块比萨跑得真快！

## 得分？

当你玩游戏时，当然是乐于看到自己的分数越来越高！在第2阶游戏中，你将学到如何使用变量来保存分数。比如你可以用变量来保存生命值或者比萨下降的速度。

4

## 炫酷的角色?

那些在命令的控制下,在屏幕上移动的卡通形象或者物品被称为角色。你的角色可能是一只饥饿的小狗,也可能是一艘宇宙飞船。一款优秀的游戏,通常不乏生动、活泼、有趣的角色。

在本书中,你将学习如何绘制自己的角色。在第3阶游戏中,你将学习制作动画,譬如让飞机上的螺旋桨转动起来,或者让一只小猫独自散步。

如果想制作一个拥有诸多不同角色的游戏,那么在第4阶游戏中,你还将学习如何克隆角色。

## 音效?

好的游戏除了要有优质的画面,还需要有好的音效。音乐和声效,比如击鼓声和小猫的叫声,能够让你的游戏完美收官。

## 逐级进阶

在这本书里,我们把游戏分为5个阶段,就像是一个具备多重关卡的游戏,每个关卡在包含上一个关卡的知识点的基础上会稍稍增加难度。如果你没有任何编程基础,那建议你从第1阶开始学习。相信当你到达第5阶时,你已经是一位制作游戏的高手啦!

# Scratch 编程

市面上有各种各样的程序设计语言可供你制作计算机游戏。本书中，我们使用一种既简洁易懂又功能强大的语言，叫作 Scratch。这是 个免费的程序设计语言，非常易于掌握。

## 在哪里可以找到Scratch呢?

在开始Scratch编程之前，首先打开网页浏览器并在地址栏键入scratch.mit.edu 然后按"回车"键，进入Scratch首页，单击"试一试"图标，即可进入Scratch在线编辑页面。

**TRY IT OUT**

## 开始Scratch

想要用编程制作一个计算机游戏，你需要通过命令准确地告诉计算机如何一步一步去做。计算机命令是告诉计算机实现某种特定操作的指令。一个计算机程序由若干命令的集合组成。在Scratch中，命令是以"积木"的形式给出的，通过选择特定的积木块并把它们组合在一起，你就能够创建计算机程序，进而完成游戏制作。

你所看到的Scratch界面应如下图所示：

选择你所需要的命令组。

这里是舞台区，是你能够看到游戏画面动起来的地方。

这些是当前命令组中的积木块。

这是一个角色，角色是由命令控制的。

这里是代码区。将你选定的积木块拖曳到这里以搭建你的游戏。

这里是角色面板。

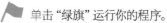 单击"绿旗"运行你的程序。

● 单击"红色停止"按钮终止你的程序。

单击这个图标让你的游戏全屏显示。

如果想制作一个拥有诸多不同角色的游戏，那么在第4阶游戏中，你还将学习如何克隆角色。

在把积木块拖曳出来之前，单击它们试一试，看看小猫会因此向前走还是旋转些许角度。

单击白色文本框，输入不同的数字，看看角色的移动距离或旋转角度会发生怎样的变化。

现在试试把积木块拖曳到脚本区并将它们连接在一起。

你也可以把已经连接在一起的积木块分开，如果想要把它们全部分开，你需要从最下面的一块开始哦。

想要删除积木块，只需将其拖离脚本区即可。

单击任意一块积木运行程序吧。

本书中的程序由分属于不同功能组的若干积木块组成。

通过不同的颜色，你可以对这些不同的功能进行区分。你同样可以根据颜色来判断某一块积木的具体功能。

从绿色的画笔功能组里找到'落笔'积木块。

'重复执行'积木块是黄色的，因此它属于控制功能组。

蓝色积木块属于运动功能组。

## 角色面板

角色面板里包含了当前项目所用到的全部角色。同时，你也可以在角色面板里添加新的角色或者选择舞台背景。

通过舞台背景选块，你可以自行绘制或是从背景库中加载你所需要的游戏背景。背景是不能移动的，但是你仍然可以为其添加一些诸如声音特效的程序。

 单击该图标从角色库中添加一个新的角色。角色库里面包含若干现成的角色。

 单击该图标绘制一个新的角色。

**请随时检查你正在添加的程序是否与特定的角色或者舞台背景相对应！**

## 绘图区域的使用

这本书里的大多数游戏需要你自己来绘制角色以及图形。请大胆尝试并把你头脑中的好点子绘制出来吧。下面是一些能够帮助你正确使用绘图面板的实用技巧。

 单击角色面板顶部工具栏的"绘制"图标，开始绘制一个新的角色。

单击角色面板左侧的"舞台"图标，选择下方的"绘制新背景"按钮，为舞台绘制背景。

绘图面板将显示在Scratch屏幕的右侧。

### 角色大小

游戏设计者在绘制新角色的时候通常会画得比较大，这样有助于刻画细节，然后再通过外观积木块组里面的设置大小积木将其缩小。在我们的游戏中，也将采用这样的方式。

为了让游戏正常运转，你需要把角色画得足够大，并且尽量位于绘图区中央的位置，如左图所示。

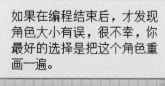

如果在编程结束后，才发现角色大小有误，很不幸，你最好的选择是把这个角色重画一遍。

8

# 常用绘图工具

 **笔刷**
笔刷工具可以用来绘制角色

 **直线工具**
提示：按住"Shift"键可保持直线水平或垂直。

 修改数值可以改变线条的粗细

 **矩形工具**
提示：按住"Shift"键可以画正方形。

 **椭圆工具**
按住"Shift"键可以画圆形。

 选择画一个空心或一个实心图形。

 **文本工具**
文本工具可用来编辑文字。

**Font:**

Arial ▼ 选择字体。

 **颜色填充工具**
用鼠标对你所选择的形状进行颜色填充。

 选择对应的图标进行纯色或渐变色填充。

 **撤销（重做）**
画错时别忙着使用橡皮工具，试着单击"撤销"，然后再试一次。

撤销　恢复

 **颜色工具**
选择相应的颜色进行绘制。

 使用滴管工具从当前的画面中提取任意颜色。

 细节调色工具。

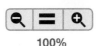 **放大和缩小**
100%
放大功能用来对画面补充细节或者查看图案元素是否排列整齐。缩小功能可以用来对整个画面进行总览。请记住，缩放工具并不会真的改变角色大小，只是让它看上去更大或是更小（就像放大镜那样）。

 **选取、移动和改变大小**
如果你画错了某些部分，选择工具可以帮助你订正！把你想要修改的位置用蓝色方框框起来，鼠标单击方框中心的圆点可以将它拖离原来的位置，使用方框四周的句柄可以修改这部分图像的大小。

# 作品保存

选择屏幕左上角的文件菜单，然后单击：

**新建项目**：开始一个新的项目。

**从电脑中上传**：打开一个之前保存在本地的文件。

**保存到电脑**：把文件保存到你的电脑。

现在，让我们开始编程吧！

9

# 第1阶游戏

　　如果你是一个 Scratch 新手，第 1 阶的游戏将是一个绝佳的开端，因为它们易编程制作而且趣味十足。接下来，这里有一些在第 1 阶游戏里将要用到的关键操作介绍。建议你在开始着手编程之前先阅读一遍，当然，如果你已经等不及想要直接开始你的编程之旅了，也可以先跳过这部分内容，等到在后面的操作中遇到困难了再回来查看。

## 输入和运动

在第1阶游戏中，有两种控制角色移动的方法：使用鼠标或键盘。

在"小馋猫"和"金银岛"游戏中，玩家通过移动鼠标让小猫角色在屏幕上移动。

小猫之所以能够行动自如，是因为我们使用了"**面向鼠标指针**"积木块。

鼠标

在"神奇迷宫""黄金隧道"以及"极速穿越"游戏中使用了键盘输入。计算机在输入命令的控制下作出响应。按下不同的按键，运行不同的指令，从而让角色向着特定的方向运动。

"疯狂赛车"游戏还使用了"**旋转**"积木块。按下按键，可以控制小车转弯。

键盘

## 循环和重复

为了确保程序在游戏的过程中一直运行，我们通常把它们放进一个名为"**重复执行**"的积木块中，这样游戏就永远不会结束，这种现象叫作循环。加入循环能够让一组命令一次又一次地反复执行。

一些游戏里面还会用到"**重复执行直到**"循环，这种循环会让程序重复执行直到某个事件发生。例如在"极速穿越"这个游戏中，我们使用了"**重复执行直到**"循环让小车一直沿着公路行驶，直到撞上小猫角色就立即停止。

> 如果你想要不断地重复执行某个命令，就把它放进"重复执行"积木块的C形区域里吧。

# 如果条件积木，碰撞及颜色判断

在游戏中，当有特定事件发生时，比如一个角色碰到另一个角色，我们需要运行一些不同的程序。例如《小馋猫》这个游戏，如果小猫碰到了苹果，我们希望这个苹果能够立即消失，就像被吃掉一样。

我们用"**如果**"条件积木块来实现这种效果。这段程序运行在每个苹果角色的内部。当小猫碰到苹果的时候，"如果"积木内部的积木块就会被触发运行，接着苹果就会消失。

 当苹果角色碰到小猫的时候，C形区域里面的积木块就会执行。"隐藏"表示消失。

这个积木块能够侦测一个角色是否碰到了另一个角色（你需要把"**碰到?**"积木块嵌入到"如果"积木块的空白处）。我们通过这个积木块来测试小猫是否"吃掉"了一个苹果。

"碰到颜色?"积木块能够侦测角色是否碰到了某个特殊的颜色，比如《金银岛》游戏里面的绿洲。

如果角色碰到了黄色，则意味着成功找到了宝藏。

为"碰到颜色?"积木设置颜色的过程如下：

**1.** 单击代表颜色的椭圆形区域。

**2.** 鼠标指针变成手的形状。

**3.** 单击屏幕中你想要选取的颜色。

颜色设置成功。现在就可以使用这个积木块来侦测角色是否碰到你刚才所选定的颜色了。

# 坐标：设置 X 和 Y

有时候，在游戏开始之前，我们需要把角色移动到屏幕上的某个特定位置。在《极速穿越》和《黄金隧道》这两个游戏中，我们通过设置小猫角色的坐标来实现角色移动。

"将x坐标设定为"积木块告诉Scratch把角色放置在相对于屏幕的左侧或右侧的具体位置。

"将y坐标设定为"积木块告诉Scratch把角色放置在相对于屏幕顶部或底部的具体位置。

我们可以使用"**移到x：y：**"积木块同时设置x和y坐标。当你在舞台区域移动鼠标的时候，不妨观察一下舞台右下角的坐标变换情况。这些数字显示的正是鼠标当前所在位置的坐标值。

# 小馋猫

在我们的第一个游戏中，一个小猫角色将在舞台范围内移动，并试图接住从上面掉落的苹果。玩家通过移动鼠标控制小猫运动，如果小猫碰到苹果，苹果会立刻消失，就像被吃掉了一样。

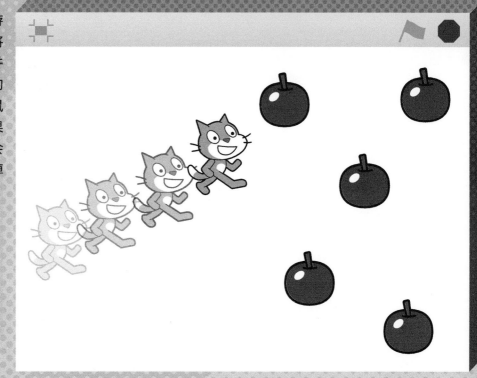

**1** 新建一个Scratch程序文件，将下图所示积木块拖曳到脚本区。**"当绿旗被点击"** 积木块属于**事件**功能组。**"重复执行"** 积木块属于**控制**功能组，其他积木块在**运动**功能组。

小猫碰到苹果，苹果会立刻消失，就像被吃掉了一样。

单击"绿旗"按钮启动程序运行。

**重复执行循环积木块内的两行语句。**

让小猫随着鼠标移动。

每次循环让小猫走4步。

单击**"面向"**积木块的下拉箭头，选择**"鼠标指针"**，设置**"移动"**积木块为《移动4步》。

**2** 单击舞台右上方的**"绿旗"**按钮测试程序。移动鼠标观察小猫是否能够跟随鼠标移动。如果不能，检查程序是否与上面的示意程序一致。

**3** 单击角色面板的**"选择一个角色"**图标（详情请参考第8页），在打开的角色库中选择一个准备被小猫吃掉的苹果角色。

单击**"Apple（苹果）"**角色。

**4** 接下来拖曳如图所示的积木块到脚本区。这些程序将控制苹果的行为，而不是小猫！
在**"外观"**功能组找到**"显示"**和**"隐藏"**积木块。在侦测功能组找到**"碰到？"**积木块并将其嵌入**"如果"**积木块上面的六边形区域。它将恰好插入到位。

单击"绿旗"按钮启动程序运行。

确保苹果在一开始是可见的。

**重复执行循环积木块内的两行语句。**

检查苹果是否碰到猫

如果碰到，即隐藏苹果。

记得单击**"碰到？"**积木块内的向下箭头，在列表中选择**"猫"**。

**5** 单击**"绿旗"**按钮测试你的程序。让小猫向苹果的方向运动。观察当小猫碰到苹果时，苹果是否会消失。

**6** 现在，让我们制作更多的苹果吧！我们可以复制它们。这意味着每个苹果将附带相同的、使它们碰到小猫即消失的程序。

单击**"绿旗"**按钮让苹果重新显示在舞台区，然后用鼠标**右键单击**苹果（鼠标右键）。（在老版的macOS系统中，按住**"Ctrl"**键并单击。）

单击**"复制"**。将新复制出来的苹果角色拖放到舞台区合适的位置。接下来请测试你的程序，然后继续添加若干苹果角色。接下来你就可以愉快地玩耍自己设计制作的第一个游戏啦！

# 金银岛

在这个游戏中，玩家将驾驶自己的海盗船环岛巡逻并寻找宝藏。当船触礁或是成功找到宝藏则游戏结束。我们将通过判断船只碰到的颜色——绿色或黄色以对此编程实现，我们还将学习如何自行绘制背景。

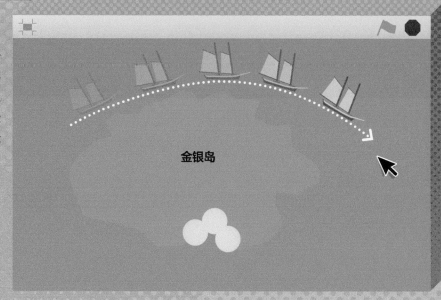

金银岛

---

**1** 新建一个Scratch文件。删除默认的小猫角色：

找到舞台左下方的**角色面板**。详情请查看第8页。

用鼠标**右键单击**小猫角色。（在macOS系统中，按住"Ctrl"键并单击）。

单击"删除"。

---

**2** 单击"选择一个角色"按钮创建一个海盗船。

选择"Sailboat（帆船）"角色。

---

**3** 单击"缩小"按钮（在Scratch屏幕的顶部，菜单工具栏内）。单击舞台上的船若干次将其缩小。

 选择角色面板中的 **"舞台"** 按钮，开始绘制背景。

接下来选择屏幕顶部中央的"背景"选项卡。

 使用 **"笔刷"** 工具为你的小岛绘制一个绿色的外轮廓。

 选择 **"填充"** 工具，单击绘制好的小岛图形以填充颜色。

 选择蓝色，然后单击周围区域将其填充为海洋。

 使用 **"椭圆"** 工具沿着海岸线绘制一些金币。确保金币位于刚好靠近大海的位置。

 填充颜色。

 如果你想要加上文字，使用 **"文本"** 工具。

金银岛

如果你操作有误，记得使用"撤销"按钮！

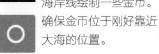 单击角色面板的"帆船"图标。

然后单击屏幕中间的"代码"选项卡。

将如图所示的积木块组合拖曳到脚本区。**"碰到颜色？"** 积木块属于 **"侦测"** 功能组。你需要将其放置在 **"如果"** 积木块的空白填充区域内。翻到11页可查看如何设置 **"碰到颜色？"** 积木块的颜色。**"说××秒"** 积木属于 **"外观"** 功能组。

单击绿旗按钮启动程序。

**重复执行下面的程序行。**

让海盗船跟随鼠标指针移动。

让船慢速运动。

**如果船只碰到绿色（岛屿）：**

显示一条信息。

程序结束运行。

**如果船只碰到黄色（宝藏）：**

显示一条信息。

程序结束运行。

单击绿旗按钮测试你的游戏。在每次开始之前，你需要将海盗船拖曳至蓝色的大海以开始新的游戏。

# 神奇迷宫

在"神奇迷宫"这个有趣的游戏中，我们将通过"按键事件"来驱使角色的运动。当"向上"箭头被按下时，角色将向上移动。为了让角色在撞到墙壁时停下来，我们将对它们碰到的颜色进行侦测。

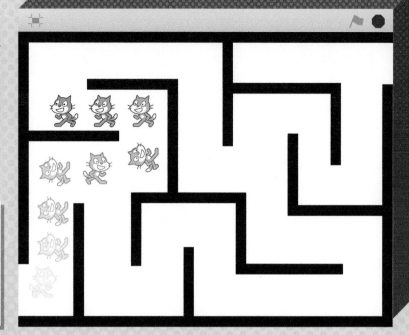

**1** 新建一个Scratch文件。在调整大小的功能框中输入数值，将小猫调整到适当大小。

大小 40

**2** 首先单击角色面板的**"舞台"**图标，绘制背景。

然后单击屏幕顶部中间的**"背景"**选项卡。

**3** 选择**矩形**工具。

选择屏幕底部的实心矩形图标，这样你所绘制的矩形将是实心的。

填充　轮廓　11

**4** 用矩形工具绘制你的迷宫。

如果画错了，可以使用**橡皮擦**或**"撤销"**工具进行修改。

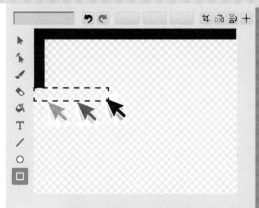

有一定的挑战但不是不可能！这个游戏要给小猫角色保留足够的空间让其能通过迷宫！

**5** 选择角色面板的"**角色 1**"对小猫角色编程。

 切换到"**代码**"选项卡。

将图中所示的程序拖曳至脚本区。"**当按下×键**"积木块属于"**事件**"功能组。

当"↑"按键被按下时启动程序。

向上方向（0度）。你需要单击下拉箭头对此进行设置。

小猫角色移动10步。

当"↓"按键被按下时启动程序。

向下方向（180度）。

小猫角色移动10步。

当"←"按键被按下时启动程序。

向左方向（-90度）。

小猫角色移动10步。

当"→"按键被按下时启动程序。

向右方向（90度）。

小猫角色移动10步。

 **6** 单击"**绿旗**"测试你的程序。按下键盘方向键能够控制小猫进行相应的移动。不过目前小猫是能够穿过墙壁的！

 **7** 为了让小猫在撞到墙壁时停下来，可搭建如图所示积木块。"**碰到颜色？**"的设置，详情请查看第11页。

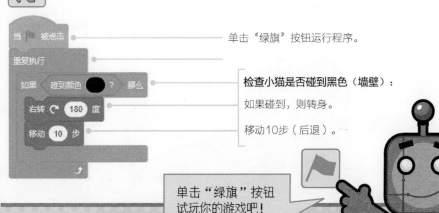

单击"绿旗"按钮运行程序。

检查小猫是否碰到黑色（墙壁）：

如果碰到，则转身。

移动10步（后退）。

单击"绿旗"按钮试玩你的游戏吧！

# 疯狂赛车

这是一个编程简单但超级有趣的赛车游戏！不同于用四个方向键进行控制，这里使用"向左"和"向右"方向键控制小车向左或向右转向。使用"空格"键让小车保持前进。如果碰到绿色，则停车。

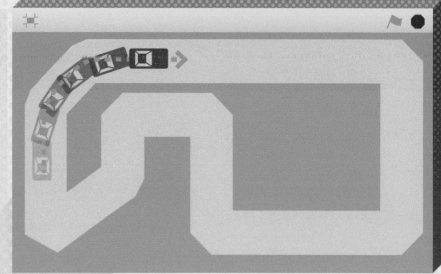

**1** 新建一个Scratch文件。首先删除小猫角色：

使用鼠标**右键单击"角色1"**图标。（如果是 macOS 系统，按住"Ctrl"键并单击）单击**"删除"**。

**2** 单击**"绘制"**图标绘制自己的汽车。
我们将以俯视视角对其进行绘制。

选择**"矩形"**工具。

在屏幕底部选择填充图标。

选择红色。

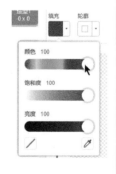

**3**  分别绘制红色和灰色矩形。矩形要足够大到几乎填充整个绘图区。
之后我们再对汽车进行缩小。

车体是一个巨大的红色矩形。　　　　窗户是灰色矩形。　　　　车顶是另一个红色矩形。

**4**  选择"直线"工具。使用较粗的线条。

画4条线。

**5** 使用**橡皮擦**对矩形进行圆角处理。

**6** 单击"代码"选项卡。对汽车角色添加如下图所示的积木块：

如果你的汽车一开始没有位于赛道上，调整它的出发位置以确保在单击"绿旗"后能够沿赛道行驶。
查看第11页了解更多关于坐标的知识。

（积木块）
当 被点击 —— 单击"绿旗"按钮启动程序。
移到 x: -11 y: 121 —— 将汽车移动至坐标x=-11，y=-121处。
面向 90 方向 —— 使汽车角色朝向右侧。
将大小设为 6 —— 将汽车缩小至原大小的6%。
重复执行 —— **重复执行如下程序：**
　如果 按下 ← 键？ 那么 —— **如果按下"左"键：**
　　左转 ↺ 5 度 —— 逆时针旋转5度。
　如果 按下 → 键？ 那么 —— **如果按下"右"键：**
　　右转 ↻ 15 度 —— 顺时针旋转15度。

将鼠标停留在赛道的任意位置可快速设置坐标。查看舞台底部对应于当前位置的 x 和 y 坐标。在"移到 x，y"积木块对应的空白处输入对应的坐标值。

单击"**绿旗**"测试当前程序。汽车将缩小，按下向左、向右方向键能够向左、向右转向，但还不能前进。

请确保赛道对于汽车而言有足够的宽度！

 单击角色面板上的"**舞台**"图标，然后选择"**背景**"选项卡。

使用**矩形**工具绘制一个简易的赛道：

 单击角色面板中的汽车角色，选择"**代码**"选项卡。对汽车角色添加如下积木块：

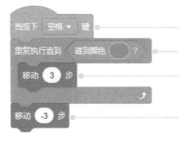

按"空格"键启动程序。

**重复执行循环内程序直到赛车碰到绿色：**
保持赛车前进。

只有当赛车碰到绿色（撞车！）时才会执行这行程序。它将使赛车移动"-3"步（退后3步）。

前往第11页查看"碰到颜色？"积木块的相关内容。

 单击"**绿旗**"运行你的游戏。如果按下"**空格**"键赛车无法开动，将其拖曳至灰色赛道处，使之远离草地。

## 挑战一下

- 在背景中绘制一些障碍物（树木或者其他物品）。但不要让它们干扰到游戏的正常运行！

- 当你的赛车驶离赛道时，通过**"声音"**功能组为其添加一些声效。提示：你需要将声效积木块添加到第9步的"移动-3步"积木块下方。

- 添加一个停车按钮，按下的时候可以使赛车停下来。

- 在赛道上添加一团油渍，然后使用循环功能始终检查赛车是否碰到油渍。想一想如果碰到代表油渍的色块，你该怎样编程实现赛车的打滑效果？

- 复制**"当按下空格键"**（第9步）积木块组，尝试修改其中的程序，使得当不同按键被按下时，实现赛车的加速功能。

- 为游戏添加第二辆赛车，将其变成双人游戏。并为之设置不同的控制键。

## 试一试

- 尝试改变按下方向键时赛车转动的角度（初始设置为5度，见第6步）。看看设置成1度和15度会有什么不同。

- 在第9步的**当按下空格键**积木块组中，尝试将**"移动3步"**积木块的数字改为移动1步或5步。看看赛车速度会发生什么变化？相应地，你也需要修改移动-3步积木块的数值。

- 尝试改变草地的颜色。看看当赛车驶离赛道的时候是否还会停下？如果在更换草地颜色之后还想让赛车碰到草地即停止，又该怎样做呢？

- 想一想，将赛车设置成怎样的大小才是最合适的（参看第6步）？6%是否太小了？如果你想要将其放大，又该对赛道做出怎样的修改呢？

# 黄金隧道

这个游戏与神奇迷宫类似，但加入了一些令人兴奋的额外功能，如声音效果。小猫角色将自动从起点坐标出发，通过颜色寻找到黄金。

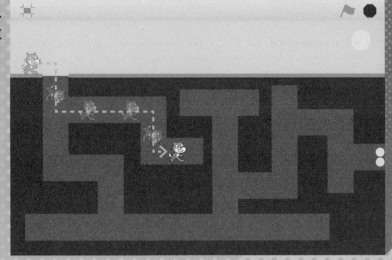

计时器可以统计玩家找到黄金所花的时间。

**1** 调整小猫大小。

大小 40

**2** 单击角色面板的"**舞台**"按钮绘制背景。选择屏幕上方中间的"**造型**"选项卡。

**3** 参考16页第3、4步的技巧画一个地下迷宫，如上图所示，墙壁使用深棕色。参考15页第6步的技巧使用"**椭圆**"工具绘制黄金，用黄色表示。确保小猫角色的大小跟隧道相匹配。

**4** 单击角色面板里面的小猫角色，添加积木块。选择"**代码**"选项卡。

添加如下积木块让小猫动起来：

当按下 ↑▼ 键
面向 0 方向
移动 10 步

当按下 ←▼ 键
面向 -90 方向
移动 10 步

当按下 →▼ 键
面向 90 方向
移动 10 步

当按下 ↓▼ 键
面向 180 方向
移动 10 步

查看第17页了解积木块详情。

**5** 为小猫角色添加如下积木块。"**将乐器设为**"积木块和"**演奏音符__拍**"积木块在"**声音**"功能组。"**计时器**"积木块在"**侦测**"功能组。为了将程序运行用时显示出来，需要将"**计时器**"积木块添加到"**外观**"功能组"**说**"积木块的文本框内。

前往第11页查看"碰到颜色？"积木块的颜色设置帮助。

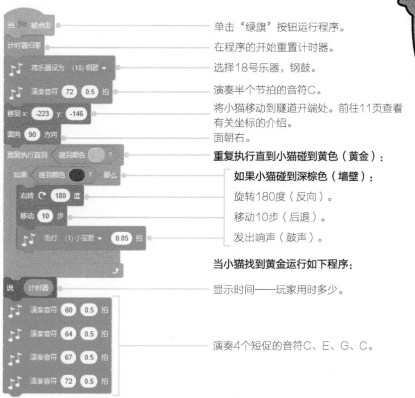

单击"绿旗"按钮运行程序。

在程序的开始重置计时器。

选择18号乐器，钢鼓。

演奏半个节拍的音符C。

将小猫移动到隧道开端处。前往11页查看有关坐标的介绍。

面朝右。

**重复执行直到小猫碰到黄色（黄金）：**

　**如果小猫碰到深棕色（墙壁）：**

　旋转180度（反向）。

　移动10步（后退）。

　发出响声（鼓声）。

**当小猫找到黄金运行如下程序：**

显示时间——玩家用时多少。

演奏4个短促的音符C、E、G、C。

---

**6** 单击"绿旗"测试游戏。
你可能需要使用"移到 x: ___, y: ___"积木块调整小猫角色的 x 和 y 坐标让它从起始位置出发。前往 19 页查看相关帮助信息。

## 试一试

尝试修改乐器编号，看看音色会发生怎样的变化。

使用下拉菜单，修改音符和节奏后看看会发生什么。

## 试一试

有两行程序用到了"计时器"积木块：

1. 当程序启动时，将计时器重置为0，就像秒表那样。

2. 这个积木块不会停止计时器，而是显示程序运行用时多少，也可以说出找黄金花费的时长。

现在返回第14页，试一试修改金银岛游戏。添加一个计时器，显示玩家找到宝藏的时间。

# 极速穿越

在这个游戏中，小猫角色将尝试过马路，并躲避飞速行驶的汽车。我们将为小猫制作动画，让它走起来更生动。汽车的运动不同于前文中的效果，碰到舞台边缘将会反弹。我们还将使用一种叫作广播的方法让汽车给小猫发送消息。

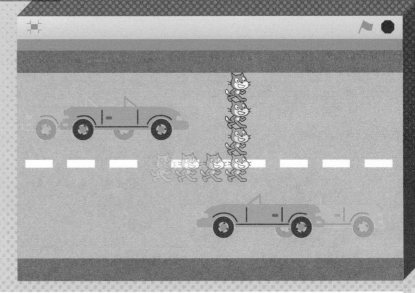

**1** 单击角色面板的"**舞台**"图标，绘制一个背景。

然后单击屏幕顶端中部的"**背景**"选项卡。

**2**  选择"**矩形**"工具。

在屏幕底部选择"**填充**"图标，让你绘制出来的矩形是实心的。

| 填充 | 轮廓 | |
|---|---|---|
| ■ ▼ | □ ▼ | 11 |

分别绘制深灰、浅灰、绿色和白色的矩形：

| | | | | |
|---|---|---|---|---|
| 人行道 | 道路 | 一些草坪 | 道路标志 | |

**3**  单击角色面板里的小猫角色，切换到"**代码**"选项卡。添加如右图所示的积木块：

确保为4个方向分别添加积木块。

**按下"↓"键时运行程序：**

面向下方（180度）。

**4** 单击"选择一个角色"按钮添加一个汽车角色。

向下滑动页面找到并单击"Convertible3"（敞篷汽车）图标。

将汽车拖曳至靠近屏幕上方的位置，离开小猫一段距离。

---

**5** 添加如下积木块，让小车动起来。"广播"积木块属于"事件"功能组。单击下拉菜单里面的"新建消息"，输入"撞"。

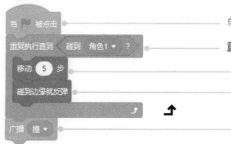

单击"绿旗"按钮运行程序。

**重复执行直到汽车撞到小猫：**

汽车前进5步。

如果汽车碰到舞台边缘，则反弹至相反方向。

**如果汽车撞到小猫将运行下面的积木块：**
向其他角色广播汽车撞到小猫的消息。

> 广播是一种某个角色让其他角色知道发生了什么的机制。

---

**6** 单击小猫角色并添加两组积木块：

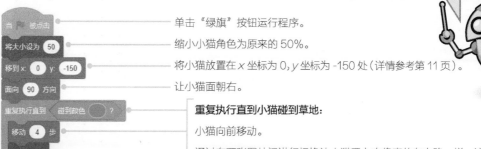

单击"绿旗"按钮运行程序。

缩小小猫角色为原来的 50%。

将小猫放置在 *x* 坐标为 0, *y* 坐标为 -150 处（详情参考第 11 页）。

让小猫面朝右。

**重复执行直到小猫碰到草地：**

小猫向前移动。

通过在两张图片间进行切换让小猫看上去像真的在走路一样。这是一个简单的动画。

当小猫成功抵达马路的另一侧时，说"非常好"。

**这些积木块只有当小猫接收到"撞"消息时才会运行：**

停止运行该角色的所有程序让小猫结束移动。

播放声音文件"喵"。

现在开始测试你的程序吧。

---

**7** 为避免小车在行驶过程中上下翻转，单击角色图片左上角的蓝色"i"字样图标。

**将旋转方式设为左右翻转**

对小猫做同样的设置。

将旋转方式设为 左右翻转 ▾

---

**8** 最后，再添加一个汽车角色。**右键单击汽车角色**，选泽"**复制**"。（在 macOS 系统中，按住"**Ctrl**"键并单击。）将新加入的汽车拖曳至道路的另一侧。

# 第 2 阶游戏

现在你已经跨过了第 1 阶段，你会发现第 2 阶段的游戏在编程上会更具挑战，当然也更好玩。我们将添加额外的功能，比如计分系统。我们将利用随机数字和动画让你的游戏更精彩。下面将对第 2 阶游戏中使用到的知识点进行介绍。

变量就像是一个特殊的盒子。

里面装着一些很重要的东西。

## 变量：创建分数

计算机程序通过"变量"的方式来进行单位数据或者信息的存储。变量可以存储游戏中的得分或者角色运动的速度。不同于普通的数字，变量可以改变自身的数值，因此每当你得到1分的时候，分数变量的值会相应地加1。

### 如何创建变量：

| | |
|---|---|
| 侦测 | 自制积木 |
| 运算 | 音乐 |
| 变量 | 画笔 |

建立一个变量

新建变量 ×

新变量名：
分数

●适用于所有角色　○仅适用于当前角色

取消　确定

○仅适用于当前角色

取消　确定

1. 单击"变量"。　2. 单击"建立一个变量"。　3. 将变量命名为"分数"。　4. 单击"确定"。

---

### 1. 游戏开始：

将 [分数▼] 设为 0

将"**将分数设为××**"积木块放置在程序的开头处，确保每次游戏开始前分数已经被重置为0。

### 2. 增加分数：

将 [分数▼] 增加 1

使用"**将分数增加××**"积木块改变分数变量的值。每得1分，都需要运行这个积木块。

### 3. 游戏结束：

在Scratch中，变量通常都会显示在屏幕上。我们也可以使用"**外观**"功能组的"**说**"积木块在游戏结束时将分数显示在对话窗口中。

说 分数

我们甚至可以通过Scratch用更高级的方式来显示分数！试试下面的操作：

不是输入文字"分数"，而是从"**数据**"功能组中拖曳出"**分数**"变量积木块。

说 [你... 分数]

你的得分是 4

说 [连接 你的得分是： 和 ba... 分数]

1. 从"外观"功能组拖曳出"说"积木块。

2. 从"运算"功能组拖曳出"连接"积木块，并将其放入"说"积木块的文本框中。

3. 在"连接"积木块的左侧文本框输入"你的得分是："。

4. 将"分数"积木块拖曳至右侧文本框。

# 随机数选择

如果我们每次玩游戏都是一样的结果，那就太无趣了。比如，我们在玩棋盘游戏的时候，通常会通过掷骰子来决定前进的步数。我们并不知道在1到6之间会显示哪个数，因为结果是随机的。在计算机游戏中，我们同样可以让计算机实现随机数的选择。

这是能够被选中的最小值 ⎯⎯⎯     这是能够被选中的最大值

接甜甜圈的游戏将使用这个积木块为每个甜甜圈选择一个随机的下降位置。创建这个积木块并单击，分别输入最小值和最大值看看效果。

# 创建动画

在"冲上云霄"里，我们将创建动画让双翼飞机的螺旋桨旋转起来。我们将为飞机创建两个造型，一个螺旋桨在上，另一个螺旋桨在下。Scratch的程序将在这两个造型之间快速地切换，营造出动画效果。一旦你掌握了这个技巧，就可以创建诸如跳舞的鲜花或是摇着尾巴的小狗这样的属于自己的动画形象。

**1.** 绘制一个你想要实现动画效果的形象（查看32页获取绘制飞机的帮助）。

**2.** 接下来绘制另一个与前面的角色稍稍有一点区别的造型。在屏幕中间的面板区，**右键单击"造型1"**。（在macOS系统中，按住"Ctrl"然后单击）。

**3.** 单击"复制"。我们的飞机角色就有两个造型了。

**4.** 现在让我们对第二个造型做一些变化。在这里，我们将让螺旋桨翻转一下。

单击"选取"工具。

在螺旋桨周围画一个选择框。

**5.** 单击"上下翻转"按钮。（该按钮在绘画面板的右上角。）

删除

**6.** 将螺旋桨拖曳朝下。

**7.** 选择"下一个造型"积木块让角色在两个造型之间切换，这样就可以看到螺旋桨动起来了。

下一个造型

# 狗狗吃骨头

玩游戏的一大乐趣就在于一边玩一边看到分数噌噌地上涨！我们将创建一个游戏，使用变量（查看 26 页）来保存狗狗吃掉的骨头的数量。我们还将通过一个简单的动画让狗狗看上去就像真的在走路一样。

分数 2

---

**1** 新建一个Scratch文件，然后删掉默认的小猫角色：

在角色面板中，用鼠标**右键单击**小猫角色图标。（在macOS系统中，按住"Ctrl"键后单击。）选择"**删除**"。

---

**2** 单击"**选择一个角色**"按钮，选择一个狗狗角色。

向下滚动页面选择"Dog2（狗）"角色。

---

**3** 现在你需要创建一个变量以便修改得分。翻到26页查看相关帮助。

选择"**变量**"，然后单击"**建立一个变量**"。

新变量名：

分数

给你的变量取个名字："**分数**"。

**4** 拖曳如下积块到代码区。这是为我们的狗狗角色创建的程序。"将分数设为××"积木块在"**数据**"功能组。"**下一个造型**"积木块在"**外观**"功能组。

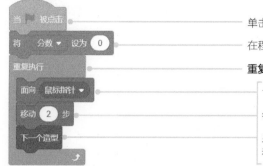

单击"绿旗"按钮运行程序。

在程序一开始将得分值设置为0。

**重复执行下面3行程序：**

让狗狗始终跟随鼠标位置移动。

每次循环让狗狗前进2步。

显示狗狗的下一个造型。这会让它的双腿看上去在一前一后地移动。

**5** 现在来绘制一个给狗狗吃的骨头。

在角色面板选择"**绘制**"。

选择"**笔刷**"工具。

改变数值选择较粗的线条。

绘制一个几乎填满整个绘图区域的大骨头。

选择合适的颜色，然后填充骨头。

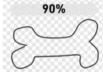  

**6** 调整骨头大小。

大小 40

**7** 单击"代码"选项卡，将如下积木块拖曳至代码区。这些是骨头角色的程序（请确保当前选择的是骨头角色而非狗狗。）

单击"绿旗"按钮运行程序。

确保骨头在程序一开始是可见的。

**重复执行如下3行程序：**

检查骨头是否碰到狗狗角色：

如果碰到，将分数增加1。

将骨头隐藏。

**8** 现在让我们做更多的骨头给狗狗吃吧。**右键单击**舞台上的骨头，然后选择"**复制**"。（在macOS系统中，按住"**Ctrl**"然后单击。）复制5根骨头。

**9** 测试你的程序。狗狗吃掉骨头的时候，分数是否加1了呢？

# 趣接甜甜圈

你可能经常会碰到这种类型的游戏。玩家需要接住从天而降的甜甜圈。每接住一个就得1分，我们将得分保存在一个分数变量中。我们还会使用一个计时器，让玩家在30秒之内尽可能多地接到甜甜圈。时间限制会让人们热衷于一次又一次地尝试以挑战他们的最高得分。

**1** 新建一个Scratch文件，然后删掉默认的小猫角色：  在角色面板中，用鼠标**右键单击**小猫角色图标。（在macOS系统中，按住"Ctrl"键后单击。）选择"**删除**"。

**2** 单击"**选择一个角色**"按钮，选择一个甜甜圈角色。

向下滚动页面选择"Donut"角色。

**3** 创建一个"分数"变量。翻到第26页查看相关信息。

翻到第27页查看随机数的相关帮助。

**4** 将如下积木块拖曳至代码区。其中"在×和×之间取随机数"积木块属于"运算"功能组（跟其他绿色积木块一样）。请确保把它放置在表示x坐标的空缺内。

单击"绿旗"按钮运行程序。

在程序的最开始将分数值初始化为0。

在程序的最开始将计时器重置为0秒。

设置甜甜圈的朝向，让它从上往下掉。

让甜甜圈出现在舞台顶部的任意位置。

**在30秒内重复以下程序：**

每次循环让甜甜圈移动5步。

**如果甜甜圈碰到舞台边缘：**

将其移动回舞台顶部的任意位置。

**30秒结束后将执行这一行程序：**
显示这样一句话："超时啦！你的分数："
是；以及分数变量的值。

**5** 单击"绿旗"测试一下。看看甜甜圈是否能从随机的位置掉落。但是，当我们单击选中甜甜圈时，分数应该增加。单击"代码"选项卡，然后将如下积木块拖曳至代码区。

当甜甜圈被单击时运行程序。

让分数加1。

将甜甜圈移动回舞台顶部的任意位置。

每次单击甜甜圈时分数值是否加1了呢？如果没有，检查你的程序后再试一次。现在是时候找一位朋友来试试你的游戏啦！

## 试一试

如果修改"重复执行直到"积木块里的数值30会发生什么？
请记住：>符号表示"大于"。

尝试修改一下积木块里面的数值5。程序会发生怎样的变化呢？

# 冲上云霄

在这个游戏中，你将驾驶一架飞机。跟 18 页驾驶疯狂赛车一样，你将通过改变方向来控制飞机。每当飞机成功穿越一次云层，分数会加 1。为了让游戏更有难度，分数越高，飞机的速度也会越快。我们将利用动画让飞机的螺旋桨旋转起来。

**1** 新建一个Scratch文件，然后删掉默认的小猫角色：

**2** 单击"**背景**"，使用**矩形**工具绘制蓝天和草地。

**3** 单击"**绘制新角色**"开始绘制飞机。

选择矩形工具。

在屏幕下方，选中填充图标，选择红色。

颜色 100

饱和度 82

亮度 93

暂时不用画白云。

绘制6个矩形。第一个矩形需要占据绘图区宽度的3/4。

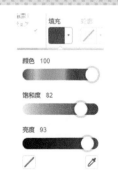

**4** 选择"椭圆"工具。画半个螺旋桨和一个轮子。

**5** 接下来我们将为飞机创建另一个"造型",让它的螺旋桨看上去能够旋转起来。
翻回到27页"创建动画"部分的说明,查看具体做法。

**6** 将如下积木块拖曳至代码区。你需要找到"变量"功能组,并创建一个名为"分数"的变量。翻回到11页,查看关于x和y坐标以及设置"碰到颜色?"积木块颜色的相关帮助。

|  |  |
|---|---|
| 当 ▢ 被点击 | 单击"绿旗"按钮运行程序。 |
| 将 分数 ▼ 设为 0 | 在游戏的最开始将分数设置为0。 |
| 将大小设为 15 | 将飞机缩小至15%。 |
| 面向 90 方向 | 让飞机面向右侧。 |
| 移到x: -123 y: -119 | 让飞机从屏幕的左下角开始飞行。(你可能需要调整y坐标的值,以避免飞机触地。) |
| 重复执行直到 碰到颜色 ▢ ? | **重复执行以下程序直到飞机碰到地面:** |
| 下一个造型 | 显示下一个造型(下一个动画画面)。 |
| 移动 2 + 分数 步 | 让飞机前进2步。随着分数的增加,飞机会越飞越快。 |
| 如果 x坐标 > 239 那么 | **如果飞机到达屏幕右侧:** |
| 将x坐标设为 -240 | 将其移动回屏幕左侧。 |
| 说 连接 你的分数是: 和 分数 | **当玩家失败时运行以下程序:** 显示一句话:"你的分数是:"和变量的值。 |

**7** 添加如下两组积木块，使飞机能够在方向键的控制下向左或
向右旋转。

**8** 单击"**绘制**"图标，绘制一
个巨大的云朵，它占据绘画
面板的大部分区域。

**9** 切换到"**代码**"选项卡。为云朵角色添加如下积木块。你需要从声音库中选取"**水滴
声**"声音文件。单击屏幕中间的"**声音**"选项卡，选择"**选择一个声音**"，向下滑动
找到"**水滴声**"并单击"**确定**"。然后在"**播放声音**"积木块的下拉菜单里选择"**水
滴声**"。

单击"绿旗"按钮运行程序。

将云朵缩小至20%大小。

**重复执行下面的程序：**

让云朵向后移动。

**如果云朵碰到左侧边缘则：**

将其移动至舞台的右侧。

**如果云朵碰到飞机角色则：**

将云朵移动到一个新的随机位置。（你可能需
要调整 y 坐标的值以避免云朵接触地面。）
让分数加1。

播放一个声音特效。

现在测试你的游戏吧。

34

- 看看修改"左转15度"和"右转15度"积木块(第7步)的数字15会发生什么?用一个较小的数,比如1或2,以及一个较大的数,比如30,再试试看。这样的修改会让游戏变得更容易还是更困难呢?

- 修改用来控制云朵的"移动-1步"积木块的数字-1。分别用更大或更小的数试一下。如果用一个正数来替代负数又会发生什么呢?

- 改变第9步"在-120和140之间取随机数"积木块的值。看看会对云朵造成什么影响?

## 挑战一下

- 修改分数系统,使得每次你驾驶飞机穿越云层时分数加10。

- 使用"演奏音符"积木块,为游戏的开头谱一段乐曲。

- 在背景上添加一些树木和建筑让你的游戏看上去更生动。

- 给游戏加上计时器。翻看第31页获得相关帮助。

- 给你的云朵加上动画,让它看上去忽大忽小。翻回到第27页复习如何制作动画。

- 尝试让云朵朝着随机的方向移动。提示:在第9步的程序中,在"修改分数"积木块之上增加一个"面向××方向"积木块。使用"在___和___之间取随机数"积木块设置角度。

- 自己设计一个飞行或者游泳游戏。比如鲨鱼穿游过漂浮的海藻怎么样?

# 第3阶
# 游戏

在这个阶段，我们将让角色以更有趣的方式运动，通过控制它们的加速和减速使之上升、下降。我们将使用变量来实现这一切。为了进一步精细化我们的游戏，我们还将对角色的位置做更复杂的测试。

## 复杂碰撞测试

我们已经使用过"侦测"功能组的"碰到颜色××？"积木块来测试碰撞。在贪吃蛇游戏中，我们需要测试蛇是否碰到了自己的身体。为实现这一目标，我们可以检测蛇的脑袋是否碰到了绿色（它身体的颜色）。

但是我们这样做会导致蛇根本无法移动，这是因为蛇的脑袋始终是连接着它的身体的。取而代之的方法是，我们想知道它的舌头是否触碰到了身体。我们可以检查这个角色的红色部分是否碰到了舞台上的绿色，据此来创建我们的程序。

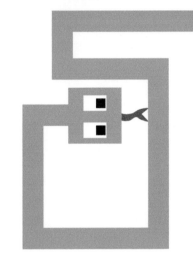

我们还需要知道蛇是否碰到了舞台边缘。我们可以使用"运算"功能组的"或"积木块来解决这个问题。我们的程序需要说：继续前进直到蛇碰到了它的尾巴或是舞台边缘。

从拖曳一个"或"积木块到"重复执行直到"积木块的孔洞开始。（从左侧拖入。）

拖曳"颜色1是否碰到颜色2？"积木块嵌入"或"积木块。设置颜色（参看11页）。

拖曳"碰到舞台边缘？"积木块嵌入右侧。

## 位置测试

在乒乓球游戏中，我们需要测试一下是否得分。因此，我们需要知道球的具体位置。

如果它的x坐标大于210，那它几乎已经来到了右侧，红色选手应该得分。

我们可以创建如下程序：

从"运算"功能组拖曳一个"××>××"（大于）积木块至"如果那么"积木块的空白处。

拖曳"x坐标"积木块到"××>××"积木块的左侧空白处。（这个积木块属于"运动"功能组。）

在"××>××"积木块的右侧文本框输入"210"。

# 变量的更多用法

现在我们准备使用变量（详情请见26页）来保存和改变角色的速度。这会让它们的运动看起来更自然。在小飞鱼和直升机飞行员游戏中，我们使用了一个叫作"速度"的变量来保存飞鱼或直升机的垂直速度（它上升和下降得有多快）。正数使之上升，负数使之下降。

速度 = 5

速度 = -5

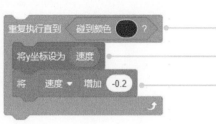

重复执行以下程序直到小鱼碰到管道（棕色）：

按照速度变量的值让小鱼沿着屏幕下降。因此当速度下降时相应的小鱼也下降了。

降低速度的值让小鱼下降的速度加快。

在直升机飞行员游戏中，我们也使用了速度变量来改变直升机的角度：

速度=0
当速度=0时，
朝向的角度为：
90+5×0=90

速度=3
当速度=3时，
朝向的角度为：
90+5×3=105

速度=-3
当速度=-3时，
朝向的角度为：
90+5×（-3）=75

让我们来仔细看一下怎样设置"面向方向"积木块：

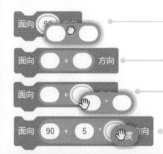

单击功能组。拖曳一个"××+××"（加法）积木块（从左侧边缘将其拖入）。

在"××+××"积木块的左侧输入"90"。面向90表示朝向右侧。

拖曳一个"××*××"（乘法）积木块。星号在程序里面表示乘法。在乘法积木块的左侧输入"5"、

不要输入文字"速度"，从"**数据**"功能组中拖曳"**速度**"积木块。

# 在音效中运用变量

我们可以通过将变量放入演奏音符积木块的音高值来创建出色的音效。当变量值发生变化时，演奏的音符将或高或低。但是将音效积木块加入角色的循环程序中会降低程序的速度，因此，在直升机飞行员游戏中，我们把音效积木块放在舞台的代码区。

拖曳"××+××"
积木块到"**演奏音
符**"积木块放置音符
位置。

在加号左侧输入"6"。

将"**速度**"
积木块拖放
至右侧。

# 小飞鱼

在这个游戏中，玩家将控制小飞鱼在水管中穿行。这是一个横向卷轴游戏，因此我们需要编程实现水管在屏幕上缓缓地从右到左移动的效果。小飞鱼由一个键控制它下降的速度。玩家控制小飞鱼每成功通过一次水管，即得 1 分。

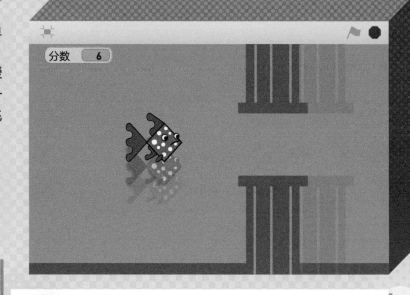

**1** 首先删除小猫角色。单击"**背景**"，然后绘制海洋和海底。

**2** 单击"**选择一个角色**"按钮。选择"Fish"角色。

**3** 单击"**绘制**"图标开始绘制水管。

选择"**矩形**"工具。

在屏幕底部，选择实心矩形工具。

在绘图区从下至上画一个瘦长的棕色水管。

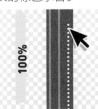

选择棕色。

填充 ■ ▾ 轮廓

颜色 0

饱和度 100

亮度 0

使用"**直线**"工具增加一些浅色的棕色线条。

**4** 使用"**选取**"工具在水管中部绘制一个选择框。

按下"**删除**"键将中间掏空。确保你留下的间隙足够小飞鱼从中游过。

**5** 使用"**矩形**"工具进一步完善水管。

**6** 单击角色面板的"Fish"，然后单击"代码"选项卡。选择"数据"功能组，创建两个变量，一个命名为"分数"，另一个命名为"速度"。有关使用速度变量改变小飞鱼的垂直速度的详细说明，可翻回到第37页查看。

你还需要在屏幕中间的"声音"选项卡的声音库中将"ocean wave"声音素材添加进来。然后在"播放声音××等待播完"积木块的下拉菜单中选定它。

添加如下积木块让小飞鱼游起来：

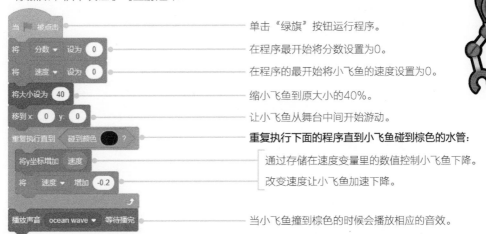

单击"绿旗"按钮运行程序。

在程序最开始将分数设置为0。

在程序的最开始将小飞鱼的速度设置为0。

缩小飞鱼到原大小的40%。

让小飞鱼从舞台中间开始游动。

**重复执行下面的程序直到小飞鱼碰到棕色的水管：**

通过存储在速度变量里的数值控制小飞鱼下降。

改变速度让小飞鱼加速下降。

当小飞鱼撞到棕色的时候会播放相应的音效。

**7** 现在添加积木块实现当按下"空格"键时，小飞鱼向上游。

当"空格"键被按下：

将小飞鱼的速度增加7。

播放一个音效。

**8** 选择角色面板的水管角色。添加如下积木块让水管在屏幕上横向移动：

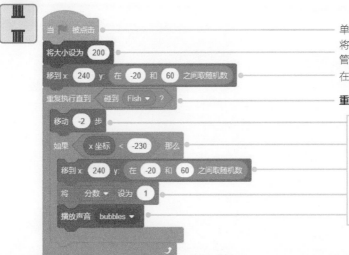

单击"绿旗"按钮运行程序。

将水管放得足够大，以避免当向上或向下移动水管时出现间隙。

在舞台中央位置的任意一个高度启动。

**重复以下程序直到小飞鱼碰到水管：**

向左移动2步。

**如果水管碰到舞台左侧边缘：**

将其移动到舞台中间靠右的任意位置。

作为小飞鱼已经通过水管的奖励，将分数设定为1。

播放一个音效。

现在可以测试你的程序了。

# 直升机飞行员

这款飞行游戏用到了和小飞鱼类似的编程技巧。玩家需要驾驶直升机飞过摩天大楼。直升机的上升和下降将由变量编程实现。我们通过对变量的计算（参考 37 页）来实现能够伴随直升机速度进行变化的音效。

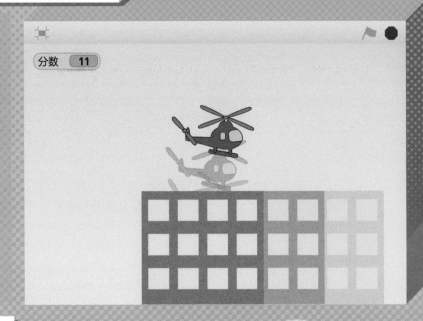

分数 11

**1** 新建一个Scratch文件。删除小猫角色。单击"**背景**"图标为背景着色。

**2** 单击角色面板的"**选择一个角色**"图标。选择"Helicopter（直升机）"角色。

角色库

Helicopter

**3** 我们将为直升机再创建一个造型，使得它的螺旋桨看上去像真的在旋转一样。切换到"**造型**"选项卡，然后**右键单击直升机**（在macOS系统中按住"Ctrl"再单击）。选择"**复制**"，第二个造型就出现了。

脚本　造型　声音

新建造型

helicopte

删除
复制
导出

**4** 单击"**选择**"工具。在螺旋桨周围绘制一个选择框。单击"**水平翻转**"按钮。

水平翻转

**5** 单击"**绘制**"开始绘制摩天大楼。使用实心矩形工具进行大楼的绘制。

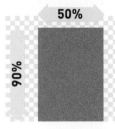

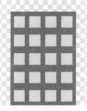

50%

90%

**6** 单击角色面板的**直升机**。切换到"**代码**"选项卡。在"**数据**"功能组，创建两个变量。一个命名为"**分数**"，另一个命名为"**速度**"。

现在开始创建程序。关于如何用"速度"变量改变直升机高度的详细帮助，参看37页。

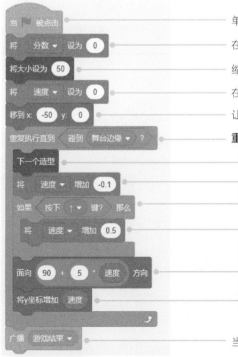

单击"绿旗"按钮运行程序。

在程序最开始将分数设置为0。

缩小直升机到原大小的50%。

在程序的开始将直升机的速度设置为0。

让直升机在舞台的中央位置开始启动。

**重复以下程序直到直升机碰到边缘：**

通过显示下一个造型实现螺旋桨的动画效果。

稍许地降低垂直速度。

**当"向上"键被按下时：**

增加垂直速度。通过增加一个较小的数值，可以让运动看上去更加平缓。

这会使得当速度为0时，直升机朝向90°。当"速度"值增加，直升机会略微地朝向下。

速度值高时，操控直升机上升；速度值低至一个负数时，操控直升机下降。

当直升机碰到边缘，则广播"游戏结束"，以告知其他角色停止。

如果直升机撞到摩天大楼，直升机将会收到一个消息，然后运行如下程序：

显示"游戏结束！"对话框。

**41**

**7** 单击角色盘上的摩天大楼，并且添加这些程序：

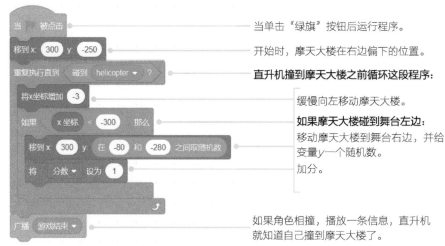

当单击"绿旗"按钮后运行程序。

开始时，摩天大楼在右边偏下的位置。

**直升机撞到摩天大楼之前循环这段程序：**

缓慢向左移动摩天大楼。

**如果摩天大楼碰到舞台左边：**
移动摩天大楼到舞台右边，并给变量y一个随机数。

加分。

如果角色相撞，播放一条信息，直升机就知道自己撞到摩天大楼了。

当摩天大楼碰到舞台的左边，修改-300到-260或-200。

---

**8** 单击角色盘上的**"舞台"**并且添加这段程序：

当单击"绿旗"按钮后运行程序。

**永远循环这段程序：**
播放音效。让音量随速度的增加而升高。

如果直升机撞到摩天大楼，摩天大楼会广播一段信息，运行如下程序：

播放音效。

停止所有运行的程序。

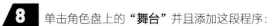

🚩 现在测试你的程序。

尝试在其他游戏的舞台加入类似的音效。

- 在第6步，通过按〝向上〞键修改〝速度增加0.5〞积木块的值来修改速度。尝试一个稍微大一些或者小一些的值，比如0.7或0.3。

- 同样在第6步，修改〝面向90+5×速度方向〞积木块中的数字5。试试数字3或7。这样做是否会让游戏看起来更加现实或不太现实？这样做是否会改变直升机的运动状态？

面向 90 + 5 * 速度 方向

- 试试修改舞台音效的值（第8步）。你可以调高或者调低音量吗？这样做会让游戏更现实些吗？

# 挑战一下

- 尝试让机尾的旋翼桨叶也转动起来。

- 提示：如第4步所示翻动旋翼桨叶。

- 随着分数上升，让摩天大楼移动得更快。提示：你需要修改第7步的〝将 x 坐标增加 -3〞积木块。

- 谱段声音用于游戏开始的时候播放，另外一段用于飞机撞上摩天大楼的时候播放。

- 给你的游戏添加一个计数器。可以翻到第31页获得提示。

- 给你的摩天大楼添加一个动画，就是当你玩游戏的时候，窗户里的灯光闪烁起来。

- 设计你自己的直升机游戏。你的游戏目的是什么？你打算使用什么样的背景？游戏里除了直升机还有别的角色吗？你是否打算使用变量？

# 贪吃蛇

这个游戏的目的就是阻止一条滑行的蛇撞到它自己。使用和神奇迷宫（见第 16 页）相同的创意，上下左右移动蛇角色。我们在舞台上画一条线，蛇绕着它运动的同时，蛇的身体越来越长。然后我们加入一些程序来判断蛇没有碰到这根线。

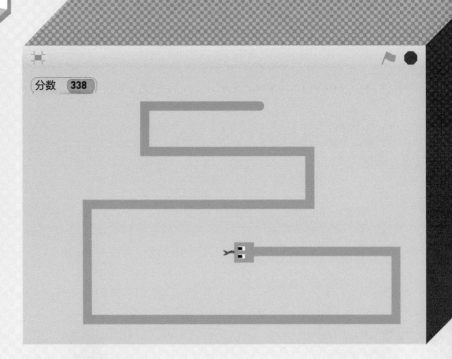

分数 338

**1** 新建一个新的Scratch 文件，然后删除默认的小猫角色。

**2** 单击角色板块的**"绘制"**按钮开始画蛇头

选择矩形工具。
在屏幕底部，选择实心矩形图标。
选择绿色。

填充　　轮廓　　11

**3** 画蛇头。

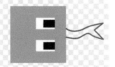

画一个边长为画布高1/2的大正方形，并确保居中。

用白色和黑色长方形作为蛇的眼睛。

 用笔刷画出红色的舌头。

 用红色填充舌头。

如果做错了，可以使用"撤销"按钮！

蛇在移动的时候，将会画绿色的线作为自己的身体。在第4步，我们会检查红色的舌头是否碰到了绿色的线。

**4** 单击角色面板上的"代码"选项卡并且给蛇角色添加这些程序。

确保你为4个方向都添加了程序。

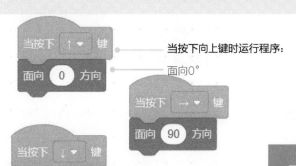

当按下 ↑ 键
面向 0 方向

**当按下向上键时运行程序：**
面向0°

当按下 ← 键
面向 -90 方向

当按下 → 键
面向 90 方向

当按下 ↓ 键
面向 180 方向

🏳 现在测试你的程序。

---

**5** 在"**数据**"功能组，创建一个变量，叫"**分数**"。把所有这些程序添加给蛇角色。利用"**将画笔颜色设定为××**"积木块来设置颜色，单击积木块上正确的洞，然后设置舞台上舌头或者蛇头的颜色。

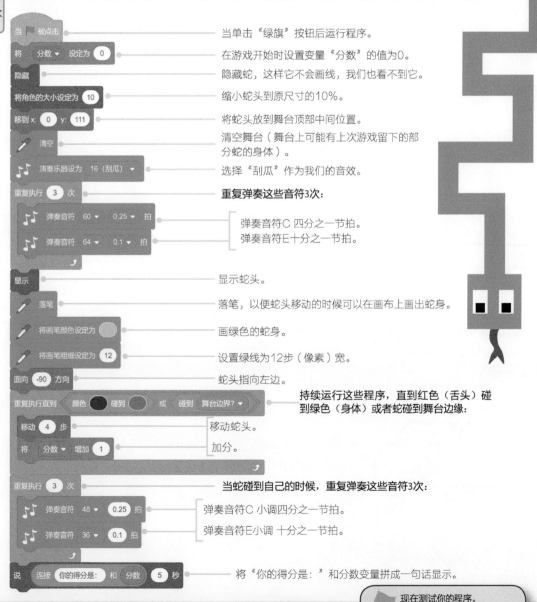

当 🏳 被点击 —— 当单击《绿旗》按钮后运行程序。

将 分数 ▾ 设定为 0 —— 在游戏开始时设置变量"分数"的值为0。

隐藏 —— 隐藏蛇，这样它不会画线，我们也看不到它。

将角色的大小设定为 10 —— 缩小蛇头到原尺寸的10%。

移到 x: 0 y: 111 —— 将蛇头放到舞台顶部中间位置。

✏ 清空 —— 清空舞台（舞台上可能有上次游戏留下的部分蛇的身体）。

🎵 演奏乐器设为 16 (刮瓜) ▾ —— 选择《刮瓜》作为我们的音效。

重复执行 3 次 —— **重复弹奏这些音符3次：**

　🎵 弹奏音符 60 ▾ 0.25 ▾ 拍 —— 弹奏音符C 四分之一节拍。
　🎵 弹奏音符 64 ▾ 0.1 ▾ 拍 —— 弹奏音符E十分之一节拍。

显示 —— 显示蛇头。

✏ 落笔 —— 落笔，以便蛇头移动的时候可以在画布上画出蛇身。

✏ 将画笔颜色设定为 ○ —— 画绿色的蛇身。

✏ 将画笔粗细设定为 12 —— 设置绿线为12步（像素）宽。

面向 -90 方向 —— 蛇头指向左边。

重复执行直到 〈 颜色 ● 碰到 ○ 或 碰到 舞台边界? ▾ 〉 —— **持续运行这些程序，直到红色（舌头）碰到绿色（身体）或者蛇碰到舞台边缘：**

　移动 4 步 —— 移动蛇头。
　将 分数 ▾ 增加 1 —— 加分。

重复执行 3 次 —— **当蛇碰到自己的时候，重复弹奏这些音符3次：**

　🎵 弹奏音符 48 ▾ 0.25 拍 —— 弹奏音符C 小调四分之一节拍。
　🎵 弹奏音符 36 ▾ 0.1 拍 —— 弹奏音符E小调 十分之一节拍。

说 连接 你的得分是： 和 分数 5 秒 —— 将"你的得分是："和分数变量拼成一句话显示。

🏳 现在测试你的程序。

# 乒乓游戏

接下来我们要做的这款游戏，与世界上第一款电脑游戏——Pong（乒乓球类似）。它是一个双人游戏。一个玩家用鼠标控制红色拍子，另外一个玩家用键盘上的箭头键来控制蓝色拍子。玩家通过将球传过对手得分。

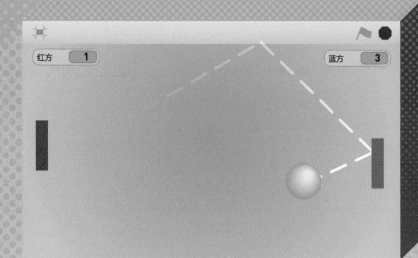

**1** 在Scratch里新建一个新文件。**右键单击猫**，选中《删除》。（在一些旧macOS上，需要同时按"Ctrl"再单击）

**2** 单击"**背景**"。使用填充工具，设置背景。

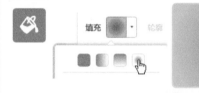

**3** 单击《选择一个角色》按钮。向下滚动，然后单击"Ball（球）"图标。

**4** 制作红色拍子。单击《绘制》按钮。选择"**矩形**"工具。在画布中央，画一个高度为画布一半的红色矩形。

**5** 复制红拍子得到一个一样尺寸的蓝色拍子。在角色面板上**右键单击**红色拍子，然后单击"**复制**"。

**6** 单击角色面板上的"**造型**"选项卡。用蓝色填充。

**7** 为了清晰起见，给"**角色**"赋一个新名字："**红方**"。

在角色面板单击"**角色**"。

输入"**红方**"。

用同样的方法，把"**角色**"改名为"**蓝方**"。

**8** 在角色面板单击"**红方**"角色，添加程序：

当单击"绿旗"按钮后运行程序。

缩小红色拍子到自身尺寸的30%。

从舞台左边的中部开始。

**保持往复循环：**

移动拍子到鼠标的y坐标

**9** 添加程序到"**蓝方**"拍子：

当单击"绿旗"按钮后运行程序。

缩小蓝色拍子到自身尺寸的30%。

从舞台右边的中部开始。

**往复循环：**

**如果按"向上"键：**
向上移动拍子。

**如果按"向下"键：**
向下移动拍子。

**10** 在角色面板单击"球"角色。在数据组，创建两个变量："红方"（记录红方得分）和"蓝方"（记录蓝方得分）。然后拖曳到下面程序中：

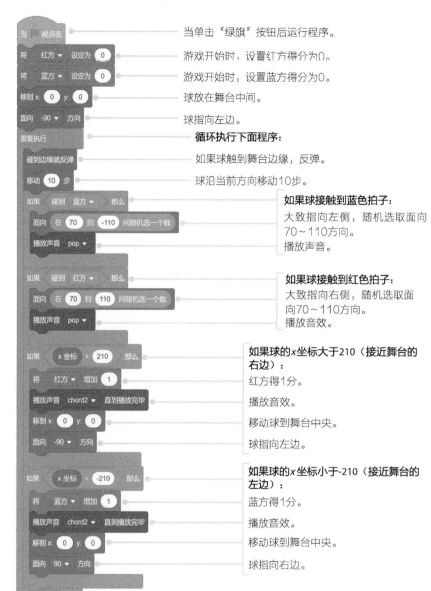

当单击"绿旗"按钮后运行程序。

游戏开始时，设置红方得分为0。

游戏开始时，设置蓝方得分为0。

球放在舞台中间。

球指向左边。

**循环执行下面程序：**

如果球触到舞台边缘，反弹。

球沿当前方向移动10步。

**如果球接触到蓝色拍子：**
大致指向左侧，随机选取面向
70~110方向。
播放声音。

**如果球接触到红色拍子：**
大致指向右侧，随机选取面
向70~110方向。
播放音效。

**如果球的x坐标大于210（接近舞台的右边）：**
红方得1分。
播放音效。
移动球到舞台中央。
球指向左边。

**如果球的x坐标小于-210（接近舞台的左边）：**
蓝方得1分。
播放音效。
移动球到舞台中央。
球指向右边。

制作音效块时，
可以从声音库里
选取你的音效

**11** 现在单击"绿旗"按钮来测试你的程序。如果成功了，找个朋友陪你玩吧。

## 挑战一下

- 游戏开始时，让球指向右侧的蓝色拍子，而不是左侧。

- 游戏开始时，让球以随机方向移动。

- 创建一个音效，当球从舞台边缘反弹时播放它。

- 修改计分系统，当球传过对手得10分。

- 谱曲一首，当红方得分达到50的时候播放。再谱曲一首，当蓝方得分达到50的时候播放。

- 任何一个玩家分数达到100，停止游戏，并闪烁显示一条信息："游戏结束"。

- 让球触拍后以随机方向移动。

## 试一试

- 修改控制球运动的程序（第10步）。尝试改变"移动1步"积木块的数值。

- 控制蓝色球拍的箭头键按下时，修改 $y$ 值为不同的值（见步骤9），会让游戏变难还是容易？

- 把球拍大小从30%略微调大或调小。当球朝上跑的时候，你也可以把球变小（或变大）。这样会改变游戏的难易程度吗？

# 第4阶
# 游戏

第 4 阶游戏会介绍一个有用的创意叫克隆。到目前为止，你已经学了利用鼠标右键菜单（或者单击的同时按住"Ctrl"键，如果你使用 macOS 的话）的方法复制角色。还有一个通过程序更有效复制角色的办法。Scratch 里叫克隆，角色可以通过循环来克隆多次。

## 如何克隆猫

让我们开始克隆一个猫角色。从控制组拖曳一个"克隆自己"积木块到程序区域并单击它。

好像并没有什么事发生呀。原来是克隆的猫角色和原来的猫重叠在一起了。

克隆会复制第一只猫的一切：它的尺寸、所有程序，甚至它的位置。

如果你试着拖曳猫角色，你会发现它后面还有一个。

## 很多猫

我们可以用循环快速地克隆出很多来。在右边创建程序，然后单击它。

在以前，所有克隆体都在相同位置，你需要拖曳它们来看到全部。

现在有一个更简单的办法创建克隆体，每一个新的克隆体都随机移到一个新位置。创建程序并试试吧：

单击"绿旗"按钮后运行程序。

**执行下面程序4次：**
创建一个猫的副本/克隆体。

*X* 坐标取一个随机值。

*Y* 坐标取一个随机值。

运行这段程序，我们会得到4只克隆猫。

试试修改程序来克隆10、20 或者甚至 50只猫……

## 移动克隆体

让你的克隆体来做更多事，把如何创建克隆体和它们如何表现分成两组程序是一个好主意。

为了便于理解，来试着在代码上创建两个积木块：

这段代码会把原来的猫隐藏起来，然后复制3个克隆体。

当 🏳 被点击
隐藏
重复执行 3 次
　克隆 自己 ▾

嗨，我是克隆体

当作为克隆体启动时 ————————— 当每一个克隆体诞生，运行这段程序：

显示 ————————— 让克隆体可见。

将x坐标设定为 -250 ————————— 把克隆体移到左边。

将y坐标设定为 在 -150 到 150 间随机选一个数 ————————— 给一个随机的y值。

重复执行 ————————— 一直循环：

　移动 1 步 ————————— 向右移动克隆体。

## 相同但又不同

在猫和老鼠游戏里，我们需要克隆4只猫。但我们希望每只猫以不同的速度移动。为了达到这点，我们将在数据组创建一个叫**"速度"**的变量。

为了保证每个速度变量都只在对应的克隆猫角色下有效，当创建变量时，我们选择**"仅适用于当前角色"**选项。

修改上面的第二段程序（在"移动克隆体"下面）：

新建变量　✕

新变量名：

速度

◉ 适用于所有角色　◉ 仅适用于当前角色

取消　确定

当作为克隆体启动时 ————————— 当克隆体创建时运行下面程序。

显示 ————————— 显示克隆体。

将 速度 ▾ 设为 在 1 和 10 之间随机数 ————————— 给克隆体设置一个随机速度。

将x坐标设为 -250 ————————— 克隆体从左侧开始。

将y坐标设为 在 -150 和 150 之间取随机数 ————————— 给一个随机y值。

重复执行 ————————— **往复循环：**

　移动 速度 步 ————————— 根据设定的速度向右移动。每个克隆体有自己的速度。

嗨，我是克隆体

嗨，我是克隆体

嗨，我是克隆体

# 猫和老鼠

对于这个游戏，我们将克隆很多猫——老鼠要小心！如果还没有做过克隆，请往回翻到 50 页做个快速的了解。每只克隆猫会出现在随机的位置并以随机的速度移动。当然了，游戏的目的是让老鼠逃离猫。

**1** 新建一个新程序，然后删除默认的猫角色。单击"选择一个角色"按钮并选择《Cat2（猫）》。然后你的角色面板将会像这个样子：

**2** 现在我们需要克隆猫。

拖曳这段程序到代码区：

|  |  |
|---|---|
| 当 被点击 | 当单击"绿旗"按钮后运行程序。 |
| 面向 -90 方向 | 猫角色朝向左边。 |
| 显示 | 确保猫可见。 |
| 将角色的大小设定为 60 | 缩小到60%尺寸。 |
| 重复执行 4 次 | **重复4遍（生成4个克隆体）：** |
| 克隆 自己 | 克隆一个原始猫的副本。 |
| 隐藏 | 最后，隐藏原始猫——任务完成！ |

**3** 单击"绿旗"测试你的程序。你看不到所有的猫，因为它们一个堆在另外一个上面。移开顶部的猫，你会发现下面还有别的猫。

## 试一试

在做第4步前，尝试修改重复循环的次数。会发生什么？

**4** 下面我们需要把猫移动到随机位置并让它们移动。在数据组，创建一个"速度"变量。确保选中"仅适用于当前角色"。然后创建这段程序：

⦿仅适用于当前角色

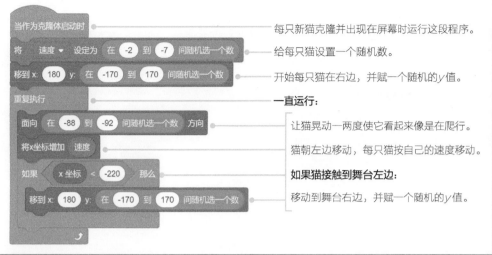

每只新猫克隆并出现在屏幕时运行这段程序。

给每只猫设置一个随机数。

开始每只猫在右边，并赋一个随机的 *y* 值。

**一直运行：**

让猫晃动一两度使它看起来像是在爬行。

猫朝左边移动，每只猫按自己的速度移动。

**如果猫接触到舞台左边：**

移动到舞台右边，并赋一个随机的 *y* 值。

**5** 从角色库添加另外一个角色："Mouse1（老鼠）"。你的角色板看起来像这样：

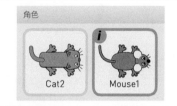

**6** 老鼠角色需要随键盘上的方向键按下时上下移动。如果猫抓到老鼠，我们会让游戏终止。拖曳这段程序：

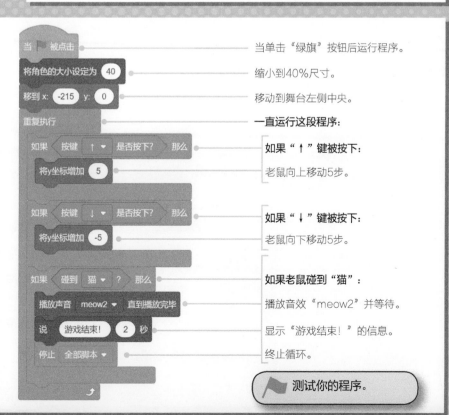

当单击"绿旗"按钮后运行程序。

缩小到40%尺寸。

移动到舞台左侧中央。

**一直运行这段程序：**

**如果"↑"键被按下：**

老鼠向上移动5步。

**如果"↓"键被按下：**

老鼠向下移动5步。

**如果老鼠碰到"猫"：**

播放音效"meow2"并等待。

显示"游戏结束！"的信息。

终止循环。

🚩 测试你的程序。

# 趣接比萨

我们将利用克隆技术生成很多比萨角色，并让它们从大楼落下。我们的猫角色必须抓住它们！我们会给我们的猫3次机会（或者叫3条命）来错失比萨。当我们的猫失去全部3条命，游戏结束。我们会把这个信息存储在一个叫"生命值"的变量里。

分数　12　　　　　　生命值　1

**1** 单击"**舞台**"图标。
单击"**背景**"。

 单击"**从背景库里选择背景图片**"。

选择"**墙壁**"。

墙壁1

**2** 通过单击"**绘制**"来创建比萨角色。

　绘制

 选择椭圆工具。

选择填充。

填充　　轮廓　　　0

画个大圆做面饼　　加红色番茄酱　　加奶酪　　加些橄榄

90%

**3** 单击"**代码**"选项卡，给比萨添加这段程序：

当 🚩 被点击　　　　　　单击"绿旗"按钮时运行程序。
将大小设为 15　　　　　　将比萨尺寸缩小到原来的15%。
面向 180 方向　　　　　　比萨运行方向朝下——所以它会从屏幕上落下。
重复执行 5 次　　　　　　**重复循环生成5个比萨的克隆体：**
克隆 自己 ▾　　　　　　　每个循环生成一个克隆比萨。
隐藏　　　　　　　　　　隐藏原始比萨——我们目前不需要它了。

**4** 在**数据**组，创建 3 个变量："生命值""分数"和"速度"。对于"生命值"和"分数"单击"适用于全部角色"。对于"速度"，单击"仅适用于该角色"，所以每个比萨都有它自己的速度变量。

⊙仅适用于当前角色

**5** 现在添加这段程序，以使新克隆的比萨从屏幕上落下：

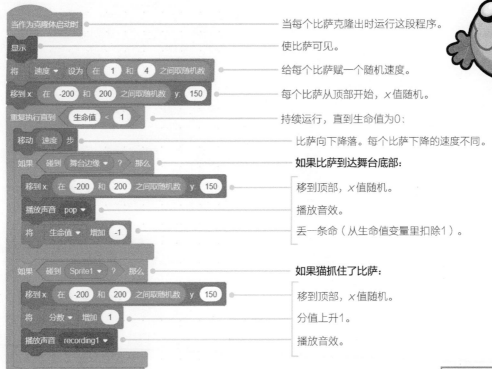

当作为克隆体启动时 — 当每个比萨克隆出时运行这段程序。

显示 — 使比萨可见。

将 速度 ▾ 设为 在 1 和 4 之间取随机数 — 给每个比萨赋一个随机速度。

移到 x 在 -200 和 200 之间取随机数 y 150 — 每个比萨从顶部开始，x 值随机。

重复执行直到 生命值 < 1 — 持续运行，直到生命值为0：

移动 速度 步 — 比萨向下降落。每个比萨下降的速度不同。

如果 碰到 舞台边缘 ▾ ? 那么 — **如果比萨到达舞台底部：**

移到 x 在 -200 和 200 之间取随机数 y 150 — 移到顶部，x 值随机。

播放声音 pop ▾ — 播放音效。

将 生命值 ▾ 增加 -1 — 丢一条命（从生命值变量里扣除1）。

如果 碰到 Sprite1 ▾ ? 那么 — **如果猫抓住了比萨：**

移到 x 在 -200 和 200 之间取随机数 y 150 — 移到顶部，x 值随机。

将 分数 ▾ 增加 1 — 分值上升1。

播放声音 recording1 ▾ — 播放音效。

**6** 单击猫角色，然后添加这段程序；

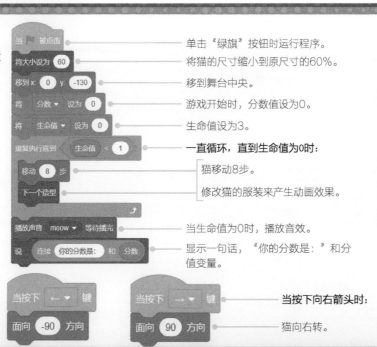

当 ▿ 被点击 — 单击"绿旗"按钮时运行程序。

将大小设为 60 — 将猫的尺寸缩小到原尺寸的60%。

移到 x: 0 y: -130 — 移到舞台中央。

将 分数 ▾ 设为 0 — 游戏开始时，分数值设为0。

将 生命值 ▾ 设为 0 — 生命值设为3。

重复执行直到 生命值 < 1 — **一直循环，直到生命值为0时：**

移动 8 步 — 猫移动8步。

下一个造型 — 修改猫的服装来产生动画效果。

播放声音 meow ▾ 等待播完 — 当生命值为0时，播放音效。

说 连接 你的分数是: 和 分数 — 显示一句话，"你的分数是："和分值变量。

当按下 ← ▾ 键 / 面向 -90 方向

当按下 → ▾ 键 / 面向 90 方向 — **当按下向右箭头时：** 猫向右转。

**左向右：**

当改变方向时，角色通常会发生翻转。为了避免我们的猫颠倒方向：

猫

将旋转方式设为 左右翻转 ▾

将旋转方式设为"左右翻转"。

# 岩石冲击波

在这个太空游戏中，我们要创建两组克隆体。我们的太空船要躲避向我们飞驰而来的克隆岩石。幸运地，我们有向岩石开火的激光。每当我们发射激光，就会有一个新的激光克隆体出来。如果激光击中岩石，我们得100分。但如果岩石击中太空船，游戏结束。

分数 600

**1** 单击"**舞台**"图标，然后单击"**背景**"。

单击"**从背景库里选择背景图片**"。选择"**太空星空**"，然后单击"**确认**"。

太空星空

**2** 删除猫角色。然后从角色库中添加名为《Rocketship（太空船）》的新角色。单击角色板里新太空船图标。

Rocketship

拖曳方向杆，使太空船旋转180°。单击三角。

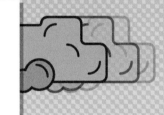

方向 180

**3** 从角色库中添加两个新角色。首先，我们选择一个叫《Rocks（岩石）》的角色。

从角色库中添加最后一个角色，叫《Button2（圆角按钮）》。这个就是激光了。

Rocks

Button2

**4** 单击"代码"选项卡并且拖曳这段程序到"Button2"：

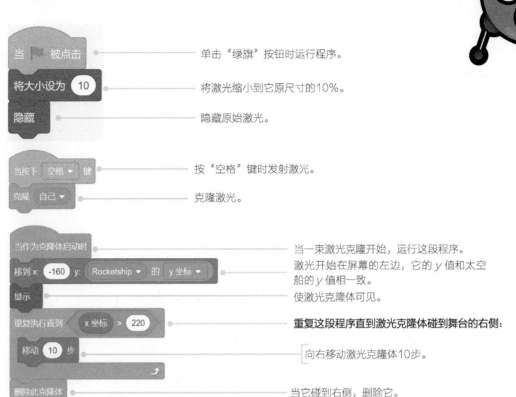

单击"绿旗"按钮时运行程序。

将激光缩小到它原尺寸的10%。

隐藏原始激光。

按"空格"键时发射激光。

克隆激光。

当一束激光克隆开始，运行这段程序。
激光开始在屏幕的左边，它的 y 值和太空
船的 y 值相一致。
使激光克隆体可见。

**重复这段程序直到激光克隆体碰到舞台的右侧：**

向右移动激光克隆体10步。

当它碰到右侧，删除它。

**5** 单击角色板里的"**太空船**"图标，在**数据**组，创建一个变量叫"**分数**"。把下面程序拖曳到代码区。

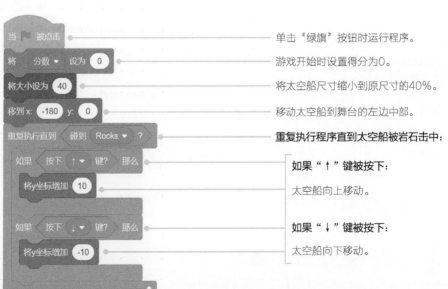

单击"绿旗"按钮时运行程序。

游戏开始时设置得分为0。

将太空船尺寸缩小到原尺寸的40%。

移动太空船到舞台的左边中部。

**重复执行程序直到太空船被岩石击中：**

如果"↑"键被按下：

太空船向上移动。

如果"↓"键被按下：

太空船向下移动。

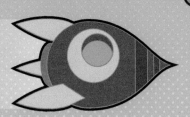

**6** 单击角色板里的"岩石"图标，在**数据**组，创建另外一个变量叫"速度"——单击"仅适用于当**前角色**"，所以每块岩石都有自己的速度变量。给岩石角色创建这段程序。

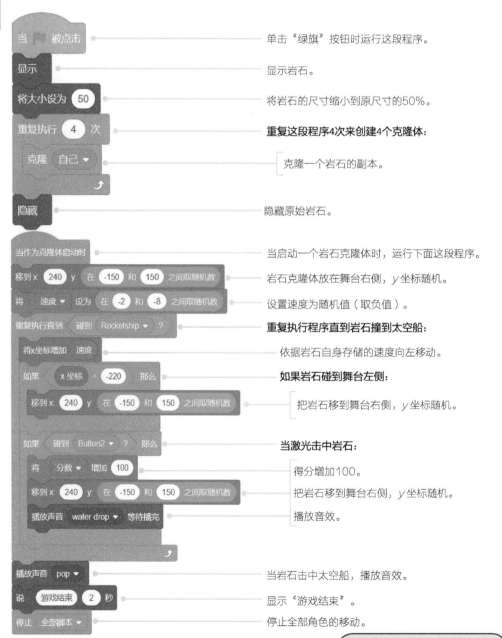

单击"绿旗"按钮时运行这段程序。

显示岩石。

将岩石的尺寸缩小到原尺寸的50%。

**重复这段程序4次来创建4个克隆体：**

克隆一个岩石的副本。

隐藏原始岩石。

当启动一个岩石克隆体时，运行下面这段程序。

岩石克隆体放在舞台右侧，y坐标随机。

设置速度为随机值（取负值）。

**重复执行程序直到岩石撞到太空船：**

依据岩石自身存储的速度向左移动。

**如果岩石碰到舞台左侧：**

把岩石移到舞台右侧，y坐标随机。

**当激光击中岩石：**

得分增加100。

把岩石移到舞台右侧，y坐标随机。

播放音效。

当岩石击中太空船，播放音效。

显示"游戏结束"。

停止全部角色的移动。

现在测试你的程序。

## 试一试

- 在第4步，找到移动激光的程序。尝试加大"移动10步"积木块的值。这样做会如何改变激光？当数值非常大的时候会发生什么？试试150！激光是不是一直击中岩石？如果是，为什么？

- 看一下第5步的程序。当您按下"↑"和"↓"键时，更改 y 的值。尝试把10和-10修改为2和-2，或者20和-20。这将如何改变游戏？

## 挑战一下

- 给游戏添加更多岩石。

- 添加一个"如果 那么"程序块，当得分达到一定值时创建一个新的岩石。

- 当得分升高时，岩石的运行速度也随之加快。

- 提示：你可以另外添加一个"将 x 坐标增加××"积木块。按得分除以一个大的负数。

- 添加一个计时器用于显示太空船被击中前已经存活多久。

- 为你的游戏设置一个更加激动人心的背景——充分发挥你的想象力。

- 利用所学的克隆知识创建一个你自己的游戏。

- 修改游戏中的声效。你能使声效更戏剧性吗？

# 爆裂气球

在这个快速发射的游戏里，我们要用克隆功能来制作出 10 个气球。这 10 个气球会在屏幕中左右来回游动，如果玩家想射中气球，就要用鼠标来瞄准。当玩家成功击中气球时，气球就会爆炸，而且得分会增加。30 秒过后，计时器会停止游戏。快速击中你的目标……准备……发射！

**1** 创建一个新程序。右键单击猫。（在macOS里，要按住Ctrl键单击）再单击"删除"。

**2** 单击"背景"。用填充工具制作一个天空的背景。

**3** 开始画箭吧，单击"绘制"按钮。

选择线段工具。
加粗线段。

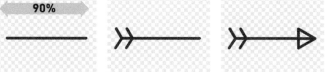

箭指向右方。宽度尽可能和绘制区域一样长。

填充头部颜色。

**4** 选中角色后，直接在上面"角色"后面的框内修改名称。

**5** 单击"选择一个角色"按钮。向下滚动并单击"Ballon1（气球）"图标。

**6** 单击角色板里的"箭"，然后单击"代码"选项卡。

在**数据**组，创建一个新的变量，叫"**分数**"。然后添加这段程序给箭。在"**声音**"标签页从音效库里选择"啵"。

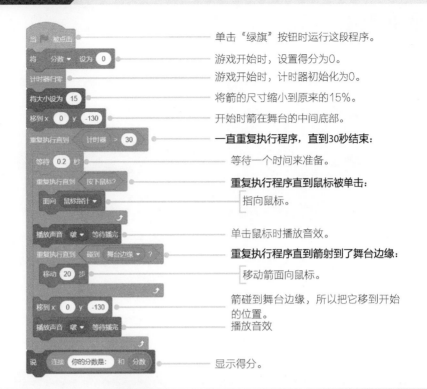

当 ▶ 被点击 ——— 单击"绿旗"按钮时运行这段程序。

将 分数 ▼ 设为 0 ——— 游戏开始时，设置得分为0。

计时器归零 ——— 游戏开始时，计时器初始化为0。

将大小设为 15 ——— 将箭的尺寸缩小到原来的15%。

移到x 0 y -130 ——— 开始时箭在舞台的中间底部。

重复执行直到 计时器 > 30 ——— **一直重复执行程序，直到30秒结束：**

　等待 0.2 秒 ——— 等待一个时间来准备。

　重复执行直到 按下鼠标? ——— **重复执行程序直到鼠标被单击：**

　　面向 鼠标指针 ▼ ——— 指向鼠标。

　播放声音 啵 ▼ 等待播完 ——— 单击鼠标时播放音效。

　重复执行直到 碰到 舞台边缘 ▼ ? ——— **重复执行程序直到箭射到了舞台边缘：**

　　移动 20 步 ——— 移动箭面向鼠标。

　移到x 0 y -130 ——— 箭碰到舞台边缘，所以把它移到开始的位置。

　播放声音 啵 ▼ 等待播完 ——— 播放音效

说 连接 你的分数是: 和 分数 ——— 显示得分。

---

**7** 现在添加气球的程序：

当 ▶ 被点击 ——— 单击"绿旗"按钮时运行这段程序。

隐藏 ——— 隐藏原始气球。

重复执行 10 次 ——— **重复这段程序10次：**

　克隆 自己 ▼ ——— 创建一个气球的副本。

当作为克隆体启动时 ——— 当启动一个气球克隆时，运行这段程序。

移到x 在 -200 和 200 之间取随机数 y 在 50 和 150 之间取随机数 ——— 开始时气球在舞台的顶部，它的x坐标随机。

显示 ——— 使气球克隆体可见。

将大小设为 40 ——— 将气球尺寸缩小到原尺寸的40%。

重复执行 ——— **一直重复执行这段程序：**

　移动 1 步 ——— 气球缓慢地向右移动。

　如果 碰到 箭 ▼ ? 那么 ——— **如果气球被箭击中：**

　　将 分数 ▼ 增加 1 ——— 得分加1。

　　播放声音 Pop ▼ ——— 播放音效。

　　移到x 在 -200 和 200 之间取随机数 y 在 50 和 150 之间取随机数 ——— 取个新的随机位置。

　如果 x坐标 > 220 那么 ——— **如果气球到达舞台的右端：**

　　移到x -200 y 在 50 和 150 之间取随机数 ——— 从舞台左边取个随机值。

　　下一个造型 ——— 修改气球的颜色。

▶ 现在测试你的程序。

# 砖块回弹

在这个游戏里，玩家需要让球从 20 块克隆砖上弹回。当球撞到砖时，砖会消失，而玩家得 5 分。为了使球回弹，玩家需要移动屏幕底部的球拍。球拍随鼠标移动而移动（根据鼠标的 $x$ 坐标来设置 $x$ 值）。

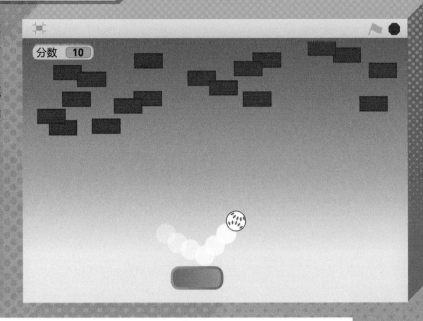

**1** 删除猫角色。

单击"选取一个角色"按钮。滚动并单击"Baseball（棒球）"图标。

**2** 单击"背景"。
使用填充工具设置背景色。

**3** 单击"选取一个角色"按钮。
向下滚动然后单击"Button2（圆角按钮）"图标作为球拍。

**4** 单击"棒球"图标。然后单击"代码"选项卡。在**数据**组，创建变量"分数"。在"声音"标签页中从**声音库**选择音效。给棒球添加这段程序。

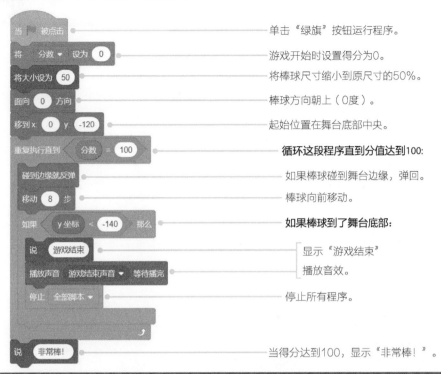

单击"绿旗"按钮运行程序。

游戏开始时设置得分为0。

将棒球尺寸缩小到原尺寸的50%。

棒球方向朝上（0度）。

起始位置在舞台底部中央。

**循环这段程序直到分值达到100:**

如果棒球碰到舞台边缘，弹回。

棒球向前移动。

**如果棒球到了舞台底部:**

显示"游戏结束"
播放音效。

停止所有程序。

当得分达到100，显示"非常棒！"。

**5** 添加球拍的程序:

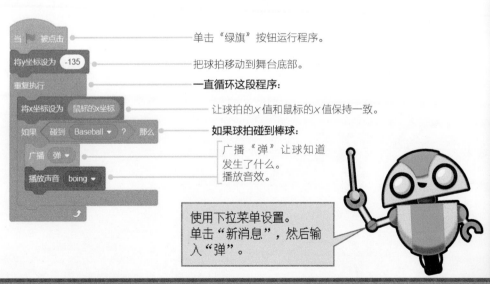

单击"绿旗"按钮运行程序。

把球拍移动到舞台底部。

**一直循环这段程序:**

让球拍的x值和鼠标的x值保持一致。

**如果球拍碰到棒球:**

广播"弹"让球知道
发生了什么。
播放音效。

使用下拉菜单设置。
单击"新消息"，然后输入"弹"。

**6** 现在添加棒球的程序:

当广播"弹"时运行这段程序:

棒球转向相反方向。

棒球移动20步。

**7** 现在来创建砖块：

 单击"绘制"按钮。

 选择矩形工具。

 选择深红色。

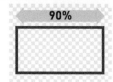 画个红色矩形，占据差不多整个绘制区域。

 选择红色。

 填充矩形。

**8** 添加砖块的程序：

当 ▶ 被点击 —— 单击"绿旗"按钮运行程序。

将大小设为 10 —— 将原始砖块缩小到原尺寸的10%。

隐藏 —— 隐藏原始砖块。

重复执行 20 次 —— **重复这段程序20遍来创建20个克隆体：**

克隆 自己 ▾ —— 创建一个砖块的副本/克隆体。

当作为克隆体启动时 —— 当启动每个克隆体时运行这段程序。

显示 —— 确保克隆体可见。

移到x: 在 -200 和 200 之间取随机数 y: 在 25 和 150 之间取随机数 —— 将砖块移动到舞台上半部分的随机位置。

重复执行 —— 重复执行这段程序：

如果 碰到 Baseball ▾ ？ 那么 —— 如果棒球击中砖块：

隐藏 —— 隐藏砖块。

将 分数 ▾ 增加 5 —— 得分加5。

广播 弹 ▾ 并等待 —— 广播"弹"让球知道发生了什么。

播放声音 哔 ▾ —— 播放音效。

现在来测试你的程序。

- 改变球拍尺寸。你需要跳到第5步来修改。修改球拍尺寸后会给游戏带来什么影响?

- 在第6步,修改"在××和××之间取随机数"积木块的数值。当你改为170和190时会发生什么? 或者110和250?

- 修改砖块颜色会对游戏有影响吗?

- 在第4步,尝试修改"移动"积木块的数字8。棒球会怎么样?

## 挑战一下

- 改变砖块的数量。你需要同时修改总得分,以便游戏能完成。

- 修改棒球回弹角度。

- 为棒球撞击舞台边创造一个音效。

- 生成随机颜色的砖块。给砖块添加第二个造型,并上色。使用随机值和"如果"语句,如果随机值大于某个特定值,使用"下一个造型"。

- 创建第二个棒球。这个球会随第一个球同时弹起。但这个球和第一个球有不同的速度和回弹角度。确保新球碰到砖块的时候也可以使砖块消失。

在我们的专家级游戏里，我们将让角色做更复杂的运动。它们会以模仿重力等力量的方式下降和反弹。模仿力量的程序称为"物理引擎"。当我们做这样的困难事情时，我们的程序可能变得非常长。为了阻止这种情况发生，我们将使用"函数"，因此我们不必重复程序行。

## 函数

函数是一组命令，用于在每次运行函数时执行特殊操作，或叫"调用"，例如让我们的企鹅移动到起点。关于函数的有用之处在于，我们不必继续重新创建程序来告诉企鹅移动到起点。每次我们需要它去那里时，我们只创建一次程序。

让我们仔细看一个我们将在企鹅跳跃游戏中使用的函数。在企鹅可以跳跃之前，我们需要让它移动到陆地，将其速度设置为0，并检查它是否朝向正确的方向。我们需要在游戏开始时以及每次跳跃后都这样做。我们创建了一个名为"移动企鹅至开始位置"的函数，而不是再次输入程序。

### 如何创建一个函数：

1.单击**自制积木**组来创建一个函数。

2、单击"**制作新的积木**"。

**自制积木**

制作新的积木

3.输入"**移动企鹅至开始位置**"作为你的函数名。

然后单击"**完成**"。

4.一个新的积木块写着"**定义移动企鹅至开始位置**"将出现在代码区。

5.拖曳"**移到x：__y：__**"的积木块以及其他在使用积木块时你需要运行的程序。

### 如何使用一个函数：

1.为了使用你创建的函数，单击"**自制积木**"。

2、一个"**移动企鹅至开始位置**"的积木块会出现在更多积木组。

3.拖曳"**移动企鹅至开始位置**"积木块到你程序中需要的地方。

# 跳跃和投掷

在"企鹅跳跃"游戏中，我们让一只企鹅跳上了冰山。在"塔粉碎"游戏中，我们让一个球飞过空中。

我们可以使用两个速度变量来模拟跳跃和投掷程序。一个是垂直速度，它必须在每个循环中获得更多的负值以将球或企鹅拉向地球。这是引力的影响。

另一个变量是水平速度。由于摩擦和空气阻力，水平速度在每个循环需要略微减少。

看看我们用来完成所有这些工作的程序：

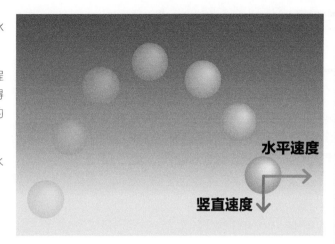

水平速度

竖直速度

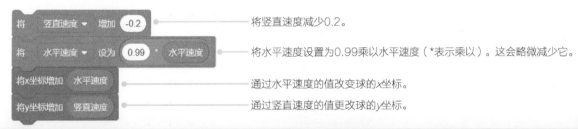

将竖直速度减少0.2。

将水平速度设置为0.99乘以水平速度（*表示乘以）。这会略微减少它。

通过水平速度的值改变球的x坐标。

通过竖直速度的值更球的y坐标。

# 反弹

一旦我们使用水平和垂直速度变量，很容易使球反弹。如果球落下并撞击到地面，我们会通过将竖直速度从负值（向下移动）更改为正值（向上移动）来使其向上移动。

当物体反弹时，它们通常也会减速。在粉碎塔游戏中，我们使用这段程序来达到这个效果。

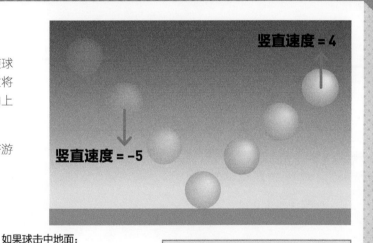

竖直速度 = 4

竖直速度 = –5

如果球击中地面：

将竖直速度设置为-0.8乘以竖直速度。乘以-0.8，我们可以将负数（下降）改为正数（反弹），并将其竖直速度减少一点。

如果您还不了解这段程序，不要担心。可以把数值0.8换成其他数值多试试，你就能明白了！

# 企鹅跳跃

这场游戏的目的是让我们的企鹅在没有落在水中的情况下跳上冰山。玩家通过移动紫色箭头后单击鼠标来选择企鹅跳跃的速度和方向。移动企鹅涉及一些数学知识，所以我们将使用函数来定义企鹅将如何开始以及如何跳跃。这使得程序更易于阅读和改编。

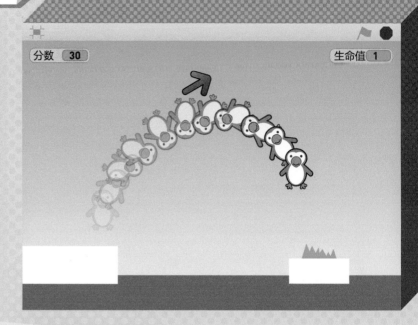

开始在计算机上工作之前，我们将制订工作计划。

### 企鹅跳跃：计划

- 随机定位冰山。
- 等待玩家告诉企鹅的跳跃方向和速度。
- 设置企鹅的起始速度（水平和竖直）。
- 主循环：直到企鹅击中冰山或落入水中：
  - 移动企鹅。
  - 旋转企鹅。
  - 改变速度。
- 如果企鹅击中冰山，给更多积分。
- 如果企鹅错过了冰山，就会失去生命。
- 如果生命值大于0，请再次执行。

### 跳跃

我们将使用2个变量来控制企鹅的速度和方向：水平速度和竖直速度。

如果我们希望企鹅以陡峭的角度上升，我们希望竖直速度值远大于水平速度。例如：

竖直速度 = 4

水平速度 = 2

如果我们希望企鹅能够更缓和地上升，我们需要竖直速度值远小于水平速度。例如：

竖直速度 = 2

水平速度 = 4

这段程序将在每个循环移动企鹅：

将x坐标增加 水平速度

将x坐标增加 竖直速度

我们需要计算水平速度和竖直速度值，以便在每次跳转开始时使用。这些值取决于玩家单击鼠标的位置，因此我们将通过比较鼠标单击的位置和企鹅的位置来设置它们。首先，我们计算出水平差和竖直差。

差值太大无法用作速度值，因此我们将它们除以25（你可以使用另一个数字！）。记住/是除以的意思。所以：

竖直速度 = 竖直差 / 25，水平速度 = 水平差 / 25
此程序将用于设置水平速度和竖直速度的起始值：

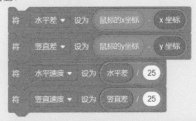

鼠标x 坐标，鼠标y 坐标

企鹅x 坐标，
企鹅y 坐标

竖直差 =
鼠标y 坐标 -
企鹅y 坐标

水平差 = 鼠标x 坐标 - 企鹅x 坐标

---

 **1** 要绘制背景，请单击角色板的"**舞台**"图标。

单击"**背景**"选项卡。

选择"**填充**"工具。

选择淡蓝色。

选择"**渐变填充**"来填充背景。

现在选择阴影"**长方形**"工具。画一个蓝色的盒子作为大海，画一个白色的盒子作为陆地。

---

**2** 删除猫角色。从**角色库**中选择"企鹅"。单击"代码"选项卡。

创建6个变量："分数""生命值""竖直速度""水平速度""垂直差"和"水平差"。

现在我们将创建我们的第一个函数，我们称之为"移动企鹅至开始位置"。将以下程序添加到企鹅中：

我们希望玩家看到的变量仅仅是"得分"和"生命值"。创建变量后，取消选中其他变量。

☑ 分数
☑ 生命值
☐ 竖直差
☐ 竖直速度
☐ 水平差
☐ 水平速度

翻到第66页来获取有关制作函数的帮助。

定义 移动企鹅至开始位置

如果 生命值 > 0 那么
面向 90 方向
将 水平速度 设为 0
将 竖直速度 设为 0
将大小设为 50
移到 x -192 y -47
广播 准备好了
否则
说 游戏结束

以下程序定义了"移动企鹅至开始位置"积木块。每当我们需要企鹅移动到开始位置时，我们将"调用"该积木块。

**如果玩家的生命值大于0：**

指向右边。

将水平速度设置为0。水平速度存储企鹅水平移动的速度。

将竖直速度设置为0。竖直速度存储企鹅竖直移动的速度。

将企鹅缩小至其原尺寸的50%。

把它移到陆地上。

让"箭头"角色知道企鹅准备跳了。

**否则（当玩家没有生命值时）：**

显示"游戏结束"

**3** 现在我们将创建我们的第二个函数 **"移动企鹅"**，它定义了企鹅如何跳跃。将以下程序添加到企鹅中：

以下程序定义了"移动企鹅"积木块。每次主循环运行时，此函数将用于移动企鹅。

通过存储在水平速度变量中的值更改企鹅的x坐标。

通过竖直速度变量中的值更改企鹅的y坐标。

将竖直速度的负值变得更大，这样企鹅将越来越快地向下移动。

让水平速度逐渐变小。

将企鹅旋转15度。

---

**4** 单击 **"绘制"** 创建冰山角色。

选择白色。选择 **"长方形"** 工具并将其设置为绘制实体形状。

绘制宽度为绘图区域宽度1/4的白色矩形。

从背景中画出不同颜色的明亮蓝色冰。

填充颜色。在第8步，我们将测试企鹅是否落在它上面！

---

**5** 通过在角色板中单击其图标上的蓝色 "i" 来命名你的冰山角色。

然后单击三角形。

---

**6** 从角色库中选择 "箭"。单击 **"代码"** 选项卡并添加以下程序：

单击"绿旗"按钮运行程序。

**重复执行此程序：**

将箭头移动到鼠标指针所在的位置。

将箭头指向企鹅（错误的方向）。

旋转180度以显示企鹅将跳入的方向。

当箭头听到"准备好！"广播时，运行程序。

显示箭头。

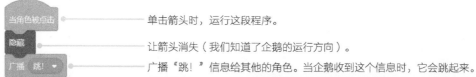

单击箭头时，运行这段程序。

让箭头消失（我们知道了企鹅的运行方向）。

广播"跳！"信息给其他的角色。当企鹅收到这个信息时，它会跳起来。

**7** 添加这段程序到"冰山"：

当冰山收到"准备好！"的广播时运行这段程序。

将冰山移动到一个随机的从左到右的位置。

定位在海上。

**8** 单击"企鹅"图标并添加这段程序：

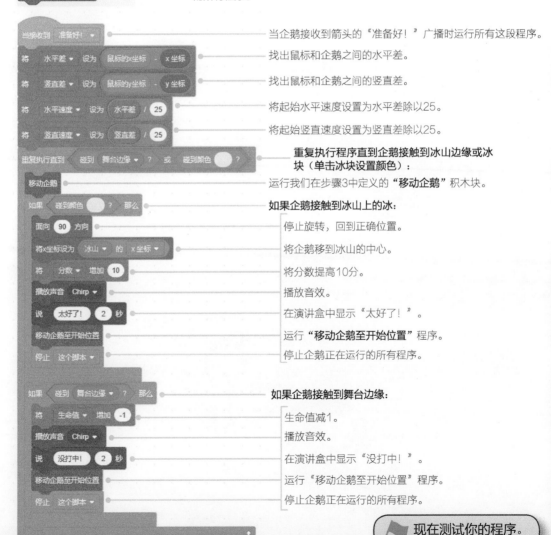

单击"绿旗"按钮时运行程序。

在游戏开始时将分数设置为0。

在游戏开始时将生命值设置为3。

调用"移动企鹅至开始位置"积木块。这将运行在步骤2中创建的所有程序。

当企鹅接收到箭头的"准备好！"广播时运行所有这段程序。

找出鼠标和企鹅之间的水平差。

找出鼠标和企鹅之间的竖直差。

将起始水平速度设置为水平差除以25。

将起始竖直速度设置为竖直差除以25。

**重复执行程序直到企鹅接触到冰山边缘或冰块（单击冰块设置颜色）：**

运行我们在步骤3中定义的"移动企鹅"积木块。

**如果企鹅接触到冰山上的冰：**

停止旋转，回到正确位置。

将企鹅移到冰山的中心。

将分数提高10分。

播放音效。

在演讲盒中显示"太好了！"。

运行"移动企鹅至开始位置"程序。

停止企鹅正在运行的所有程序。

**如果企鹅接触到舞台边缘：**

生命值减1。

播放音效。

在演讲盒中显示"没打中！"。

运行"移动企鹅至开始位置"程序。

停止企鹅正在运行的所有程序。

现在测试你的程序。

# 粉碎塔

在我们的最后一个游戏中，玩家必须击倒一塔的砖块。这是通过用弹射器发射球来完成的。使用水平和竖直速度，使球移动的程序类似于企鹅跳跃。这些砖块是通过克隆创建的。它们有一个非常简单的"物理引擎"，使它们落到屏幕上直到它们撞到另一块砖或地面。

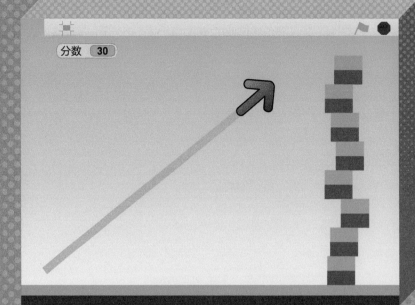

分数 30

开始在计算机上工作之前，我们将制订工作计划。

### 粉碎塔: 计划

- 创建塔。
- 用粗橙线绘制从球到鼠标弹射器。当鼠标移动时，清除线条然后再次绘制线条。
- 等待玩家用弹射器射击球。
- 设置球的起始速度（水平和竖直）。
- 主循环：直到球停止移动（或非常慢）。
  - 移动球。
  - 改变速度。
- 如果球击中砖块，则隐藏砖块，获得积分。
- 继续游戏，直到没有剩下的砖块。

我们需要一个变量来计算有多少块砖和另一个变量来计算玩家发射的次数。

我们需要8个变量。我们希望玩家看到的唯一变量是"分数"。制作分数变量后，取消选择其他变量：

发射数量
☑ 分数
统计数
竖直差
竖直速度
水平差
水平速度
下落速度

## 使球移动和弹跳

我们可以使用与之前游戏中的企鹅类似的程序来移动球。有关其工作原理的说明，请参见第68～69页。

与企鹅不同，我们的球反弹！翻到第67页，了解竖直速度和水平速度如何创建弹跳。

如果球接触到舞台的边缘，我们需要阻止它并准备好下次发射。我们还将使用计时器在5秒后将球返回到起点，因此它不会滚动太长时间。

## 下降的砖块

我们将每个砖块降落速度存储到一个名为 **"下落速度"** 的变量中。创建此变量时，将其设置为 **"仅适用于当前角色"**，以便每个砖块都有自己的速度。

使砖块下落直到它们接触到绿色底色才停止

---

**1** 要绘制背景，请单击角色板中的 **"舞台"** 图标。

单击 **"背景"** 选项卡。

选择 **"填充"** 工具。

选择淡蓝色。

选择 **"渐变填充"** 并填写背景。

现在选择填充工具。

绘制一个宽而薄的绿色块作为草坪。使用第二深的绿色。在它下面，绘制一个棕色块作为土地。

---

**2** 删除猫角色。从库中选择 **"球"** 角色。单击 **"代码"** 选项卡。

现在我们将定义我们的第一个函数。我们称之为《移动球至开始位置》。有关制作函数的帮助，请转到第66页。

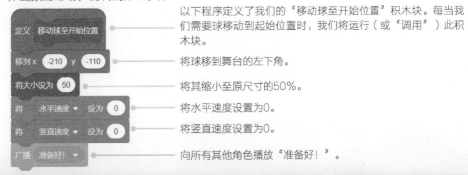

以下程序定义了我们的《移动球至开始位置》积木块。每当我们需要球移动到起始位置时，我们将运行（或"调用"）此积木块。

将球移到舞台的左下角。

将其缩小至原尺寸的50%。

将水平速度设置为0。

将竖直速度设置为0。

向所有其他角色播放"准备好！"。

**3** 现在我们将创建第二个函数,我们将其称为"移动球"。将此程序添加到球中:

以下程序定义了"移动球"积木块。每次主循环运行时,此函数将用于移动球。

通过存储在水平速度变量中的值更改球的 *x* 坐标。

通过存储在竖直速度变量中的值更改球的 *y* 坐标。

将竖直速度的负值变得更大,因此球将越来越快地向下移动。

让水平速度逐渐变小。

**如果球接触到绿色(将其设置为青草色):**

让球反弹。我们将竖直速度乘以-0.8,这样球的移动速度会变慢,走向相反的方向。

**4** 单击"绘制"创建砖块角色。

 使用"**矩形**"工具在绘图区域的上半部分绘制一个大的绿色矩形。使其长度大约为绘图区域宽度的2/3。使用与草相同的颜色。

**66%**

在第一个矩形下面画一个深绿色矩形。

**5** 我们现在将创建一个名为"造堆"的第三个函数。将此程序添加到砖块角色：

定义 造堆 ————— 以下程序定义了"造堆"积木块。这段程序将用于制作一堆砖块。

将 块计数 ▼ 设为 0 ————— 将块计数设置为0。（块计数将计算制造了多少砖块并帮助定位。）

重复执行 10 次 ————— **重复执行程序10次：**

克隆 自己 ▼

将 块计数 ▼ 增加 1

复制原始砖块。
将块计数的值增加1。

隐藏 ————— 隐藏原始砖块。

然后添加这两组程序：

当 ▶ 被点击 ————— 单击"绿旗"按钮时运行程序。

将大小设为 10 ————— 将原始砖块缩小至其原尺寸的10%。

显示 ————— 使原始砖块可见。

造堆 ————— 运行"造堆"函数来创建所有的砖块。

> 确保"下落速度"变量设置为"仅适用于当前角色"。

当作为克隆体启动时 ————— 当启动砖块克隆体时运行此程序。

将 下落速度 ▼ 设为 0 ————— 将下落速度设为0。

移到x 在 180 和 200 之间取随机数 y: -154 + 块计数 * 35 ————— 给砖块一个随机的 $x$ 位置。但使块计数随 $y$ 值上升。

重复执行直到 块计数 = 0 ————— **重复执行程序直到没有砖块为止：**

如果 碰到 Ball ▼ ？ 那么 ————— **如果球击中了砖块：**

隐藏 ————— 隐藏砖块。

将 分数 ▼ 增加 发射数量 ————— 增加分数，越早，额外奖励越多。

将 块计数 ▼ 增加 -1 ————— 减少剩余的砖块数。

播放声音 Chirp ▼ ————— 播放音效。

将 水平速度 ▼ 设为 -0.8 * 水平速度 ————— 弹球。

如果 碰到颜色 ( ) ？ 不成立 那么 ————— **如果球没有击中任何绿色（通过单击草地设置颜色）：**

将 垂直速度 ▼ 增加 -0.1 ————— 略微增加下落速度的值。

将y坐标增加 下落速度 ————— 以"下落速度"变量的值作为球下移的距离。当"下落速度"变量的负值变得更大的时候，球就会像受到引力一样，自然落下。

广播 游戏完成 ▼ ————— 如果没有球了，请播放"游戏完成"，以便其他角色知道。

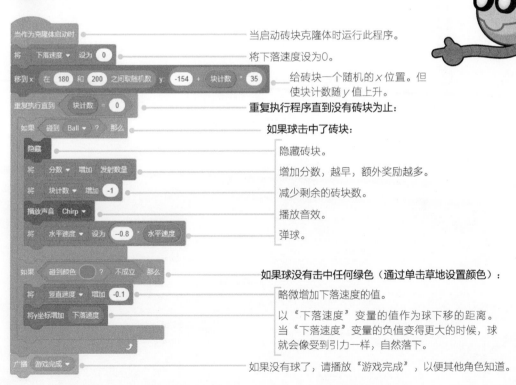

**6** 从角色库中选择"箭",然后添加以下程序:

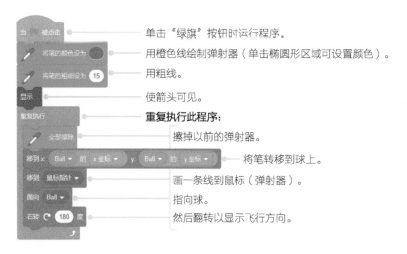

单击"绿旗"按钮时运行程序。

用橙色线绘制弹射器(单击椭圆形区域可设置颜色)。

用粗线。

使箭头可见。

**重复执行此程序:**

擦掉以前的弹射器。

将笔转移到球上。

画一条线到鼠标(弹射器)。

指向球。

然后翻转以显示飞行方向。

单击箭时:

告诉所有其他角色。

隐藏箭。

停止绘制弹射器。

当球停止并准备再次开火时:

使箭可见。

准备好画出弹射器。

# 试一试

- 在"移动球"功能中更改竖直速度的值(参见步骤3)。尝试稍微大一点的数字,如-0.1、-0.5、-1或0。会发生什么?

  > 将 竖直速度 ▾ 增加 -0.2

- 在使球发射的程序中(参见步骤7),尝试将数字30改为20、40或50这样的数字。这对球的飞行有何影响?

  > 将 水平速度 ▾ 设为 水平差 / 30
  >
  > 将 竖直速度 ▾ 设为 竖直差 / 30

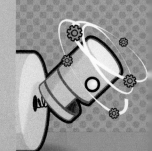

**7** 最后，将所有这些程序添加到球：

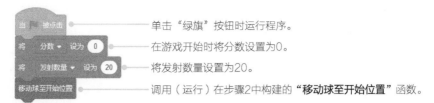

单击"绿旗"按钮时运行程序。

在游戏开始时将分数设置为0。

将发射数量设置为20。

调用（运行）在步骤2中构建的**"移动球至开始位置"**函数。

**单击鼠标，运行此程序:**

开始计时球的移动时间。

减少发射数量。

计算出鼠标和球之间的水平差。

计算出鼠标和球之间的竖直差。

将起始水平速度设置为水平差除以30。

将起始竖直速度设置为竖直差除以30。

重复执行直到球击中边缘或移动时间超过5秒：

调用我们在第3步中创建的**"移动球"**函数。

球已经击中边缘或移动时间超过5秒，因此请调用**"移动球至开始位置"**功能。

现在测试你的程序。

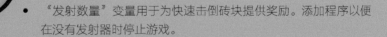

游戏完成后运行以下程序：

显示"你的分数是："和得分。

## 挑战一下

- "发射数量"变量用于为快速击倒砖块提供奖励。添加程序以便在没有发射器时停止游戏。

- 添加在游戏开始时出现的说明。

- 添加声音效果。

- 添加更多砖块到游戏中。要使它们适应屏幕，你可能需要更改砖块 *x* 从标的随机值。

- 使用函数运行部分程序，制作自己的跳跃动物或塔式粉碎游戏版本。

# 制作你自己的游戏

就像写故事一样，制作游戏需要进行规划。您可以在头脑中，纸上或编码时计划。无论你如何做，都要考虑这些想法。

## 设置

你的游戏设置在哪里？游戏背景只是一张图片，还是需要阻止玩家移动？

有关如何绘制背景，请参阅第15页第5步或第24页。有关如何从库中选择背景，请参见第54页第1步。

你可以用一个"重复执行直到"的循环语句来移动一个角色，直到其碰到一个特定的颜色。例如，第18~21页的游戏就使用了这个方法；第44和45页的游戏使用了一个更厉害的方法。

## 玩家

谁或什么是玩家？动物、人类、机器人还是汽车？

## 游戏的目标

游戏的目的是什么？收集大量物品？为了尽可能长时间避免坏人？去某个特定的地方？尽快做点什么？在一定时间内尽可能多地得分？

参阅第30~31页的趣接甜甜圈以获取收集游戏的示例。在第52~53页的猫和老鼠游戏中，你的角色必须避免坏人。在第24~25页的极速穿越游戏中，你需要到达某个特定的地方。第23页显示了如何对游戏设置时间限制。

## 移动

玩家将如何移动？跟随鼠标？通过按向上、向下、向左和向右方向键？通过左右转向，像汽车一样？

**跟随鼠标：**

将此程序添加到你的角色中，使其跟随鼠标。"移动××步"积木块中的数字控制角色移动的速度。

**按键：**

使用"当按下××键"积木块上的下拉菜单选择你的按键。使用"面向方向"积木块中的下拉菜单选择移动方向。

**转向和旋转：**

将此程序添加到你的角色中以使其旋转。选择要按的键，以及转动的角度（或速度）。你还需要在其他地方添加程序以使角色向前移动。

# 变量和得分

分数 `0`  生命值 `0`

你需要什么变量？要计算分数？要改变什么的速度？
你是否会设置最高分来为游戏创建时间限制？

要获得创建变量的帮助，见第26页。

 变量

**开始时初始化分数：**

将 分数 ▼ 设为 0

**增加分数：**

将 分数 ▼ 增加 1

看一下带有分数变量的简单游戏，如第28～29页上的狗狗吃骨头。想要参考更复杂的游戏，第38～39页的小飞鱼使用了变量来改变速度。要使用变量模拟跳跃，请参阅第67页。

# 音效和动画

你会添加声音效果吗？这些音效是一个声音文件，当某事件发生时播放，或在游戏开始时播放。当速度或分数上升时，你会使用变量来改变声音音高吗？

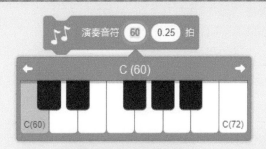
演奏音符 `60` `0.25` 拍

C (60)

C(60)          C(72)

**按下按键时播放声音：**

当按下 空格 ▼ 键
播放声音 Boing ▼

**两角色相撞时播放声音：**

如果 碰到 猫 ▼ ？ 那么
播放声音 meow ▼ 等待播完

**播短音调：**

将乐器设为 (18) 钢鼓 ▼
演奏音符 `60` `0.5` 拍
演奏音符 `64` `0.5` 拍
演奏音符 `67` `0.5` 拍
演奏音符 `72` `0.5` 拍

动画可以给你的游戏带来生命。通过使轮子转动或翅膀扇动，让你的精灵看起来好像在移动。

如果你想使用角色库中现成的动画，请寻找具有多个造型的角色。请参阅第28～29页的"狗狗吃骨头"。

Dog2
Costumes: 3

要绘制自己的动画角色，请翻到第27页。在第40～41页步骤3～4中还有一个关于如何向角色库添加动画的提示。

# 最后……测试，再测试

不要试图一次编写整个游戏。首先制作简短的程序来测试不同的部分。例如，创建一段让你的角色四处移动的程序。在添加游戏的其他部分之前尝试使用它。

一旦你对基本程序感到满意，您可以添加动画等细节或调整评分系统。

让其他人试试你的游戏。需要说明吗？是太难还是太容易？继续尝试，不要害怕重新开始。

开心编程！

# 词汇表

**动画** - 一系列的图片一个接一个地显示，以给出运动的幻觉（例如，角色正在行走）。

**克隆** – Scratch角色的一个或多个副本。克隆用于快速创建多个对象。

**程序** - 一系列指令或命令。

**命令** - 一个字或积木块，告诉计算机要做什么。

**坐标** - 由x（中间到右边）和y（中间到顶部）值确定的对象的位置。

**数据组** - 控制和访问变量的Scratch程序块集。

**角度** - 测量物体转动角度的单位。

**绘图区域** - Scratch屏幕右侧的一部分，用于绘制角色和背景。

**复制** - 在Scratch中创建角色副本的简单方法。

**事件组** - 特定事件发生时触发的一组Scratch积木块，例如按下的键。

**函数** - 为执行某些操作而创建的一系列程序块，例如每次运行或"调用"函数时以特定方式移动角色。

**如果　那么** - 编程中常见的选择形式，如果某些事情是真的，则运行命令。

**输入** - 一个动作（如按键），告诉程序执行某些操作。

**语言** - 一种命令系统（以块、作品或数字的形式），告诉计算机如何工作。

**循环** - 一系列积木块重复多次。

**运算符组** - 用于处理计算和比较值的Scratch积木块集。

**物理引擎** - 一组模拟真实物体行为方式的命令，例如球反弹的方式。

**程序** - 告诉计算机如何执行某些操作（如玩游戏）的命令集。

**Scratch** - 一种使用积木块来制作程序的计算机语言。

**脚本区域** - Scratch屏幕右侧的一部分，其中拖曳积木块以创建程序。

**感知组** - 一组Scratch积木块，用于检测何时按下特定键或鼠标位置。

**速度** - 物体向前移动的速度。在Scratch中，我们使用负速度值向后移动对象。

**角色** - 在屏幕上移动的对象。

**角色板** - Scratch屏幕左下角的一部分，你可以在其中选择一个角色来添加程序或更改其外观。

**舞台** - Scratch屏幕左上角的区域，你可以观看角色的移动。

**变量** - 计算机程序存储的值或信息。在计算机游戏中，变量通常用于存储得分。

# 索引